高等院校计算机教育系列教材

大学计算机基础操作实训

张永新　赵秀英　伍临莉　主　编

清华大学出版社

北　京

内容简介

本书是作者结合长期的大学计算机基础教学和多媒体应用实践经验编写而成的。全书根据国家计算机一级考试大纲的基本要求，既吸取了多部大学计算机基础和多媒体技术教材的优点，又具有自身独特的风格。在编写过程中，注重降低理论难度，增加实践环节，采用以案例带动理论教学的创新写作模式，用多个“教学实践案例”贯穿全书。为与本书配合，作者同步编写了其姊妹篇《大学计算机基础》，该书案例翔实，内含丰富的教学资源。这两本书密切配合、互相支撑，形成了立体化的教材体系。本书的特点可以概括为：新颖的体系结构、求实的教学内容和丰富的教学资源，以及与时代相结合的案例。

本书例题丰富，详细地介绍了计算机的基础内容。本书适合作为普通高校本科计算机基础应用或计算机基础基本操作的教材，以及参加国家计算机基础等级考试的培训教材，也可供计算机技术人员自学和参考。

图书在版编目(CIP)数据

大学计算机基础操作实训/张永新，赵秀英，伍临莉主编. —北京：清华大学出版社，2020.7
高等院校计算机教育系列教材

ISBN 978-7-302-54720-4

Ⅰ. ①大…　Ⅱ. ①张…　②赵…　③伍…　Ⅲ. ①电子计算机—高等学校—教材　Ⅳ. ①TP3

中国版本图书馆 CIP 数据核字(2020)第 299089 号

责任编辑：刘秀青
装帧设计：李　坤
责任校对：吴春华
责任印制：宋　林
出版发行：清华大学出版社
　　网　　址：http://www.tup.com.cn, http://www.wqbook.com
　　地　　址：北京清华大学学研大厦 A 座　　邮　　编：100084
　　社 总 机：010-62770175　　邮　　购：010-62786544
　　投稿与读者服务：010-62776969, c-service@tup.tsinghua.edu.cn
　　质量反馈：010-62772015, zhiliang@tup.tsinghua.edu.cn
　　课件下载：http://www.tup.com.cn, 010-62791865
印 装 者：北京鑫海金澳胶印有限公司
经　　销：全国新华书店
开　　本：185mm×260mm　　印　张：7　　字　数：170 千字
版　　次：2020 年 7 月第 1 版　　印　次：2020 年 7 月第 1 次印刷
定　　价：25.00 元

产品编号：074940-01

前　言

目前，计算机已经渗透到人类工作、学习的方方面面，被广泛地运用到各行各业。因此，学习和掌握计算机基础知识已成为人们的基本需求之一，只有熟练掌握计算机基础技能，才能符合当代社会发展的需要。不与时代脱节、通俗易懂、适用面广是本书编写的宗旨。

通过本书的详细介绍，我们可以学会自己动手组装计算机，把计算机的各部件一件一件攒起来组装成一台计算机。相对于品牌机，通过攒机得到的组装机能最大限度地发挥硬件的性能，还有助于初学者提高对计算机各部件的认识。通过本书中对办公软件的介绍，可使我们掌握文字的复制、移动、剪切、替换、查找的方法，掌握设置目录的方法和分节处理的方法，插入页眉、页脚的方法。掌握插入表格行、列或单元格，以及删除、清除单元格的方法，掌握设置表格的边框与底纹的方法，掌握 Word 2010 结构图的画法，学会 Word 2010 的打印标题的设置等。可学会 Excel 2010 表格的处理，小型数据库的管理，一般数据的计算、统计与管理。掌握演示文稿的操作，学会课件、演讲文件、电子相册等文稿的展示。通过本书可使我们学会网络的基本设置，调制解调器、无线网络等的基本设置。计算机中所有的信息都是以“文件”为单位存储在磁盘上的，学习 Windows 的操作在很大程度上主要是学习如何操作与管理文件和文件夹。现在每天的学习、工作都离不开计算机的使用，使用计算机的同时也会产生大量的文件等，未经过管理的文件，在后期的寻找中将会遇到很麻烦的情况，因此，通过对本书的学习，我们不但可学会对相关文件的管理、存放、删除、压缩等操作，而且可掌握一般程序的删除方法、文件的隐藏、打印机的安装等操作。还可让我们了解一般多媒体的相关知识，会制作一般网页等。

本书根据教育部计算机基础专业教学指导委员会对知识点的划分，从基本理论出发，深入浅出地通过案例讲解计算机的软硬件系统、Windows 7 操作系统、计算机网络的应用、日常办公处理软件、常用软件工具、Photoshop 的应用等。本书是根据教学的需要，与市场应用相结合，运用最新案例和教学方法，结合计算机应用和实践的需要而编写的。

本书的特点主要有以下几个方面。

(1) 自始至终采用以案例教学为主，对每个方法、知识点、概念都通过实例进行详细讲解，是一本学习者容易理解的专业书。

(2) 每章由浅入深，由易到难，采用文字与图片相结合的方式讲解案例，使学习者很容易理解和掌握计算机的基础知识。

(3) 本书内容全面，结合市场需求，书中的案例与社会需要相结合。每个案例都有较强的针对性，学习完本书以后，学习者的计算机基础水平有大幅度的提高。

总之，通过本书可让我们了解信息技术，掌握一般信息技术人才所应掌握的基本技能。

本书的编写分工为：张永新负责确定大纲、总纂全书，赵秀英、伍临莉负责修订全

书。文青编写了第 1、2 章，段雯晓编写了第 3、4 章，陈媛媛编写了第 5 章，常志玲编写了第 6 章，闫晓婷编写了第 7 章，郭珂编写了第 8 章，周莉编写了第 9 章。

在本书的编写过程中，清华大学出版社给予了大力的支持与帮助，洛阳师范学院 2014 级计算机科学与技术专业的学生为本书提供了第一手资料，在此表示衷心感谢！

本书难免存在疏漏和不妥之处，敬请专家、学者和读者批评指正。

编　者

目　录

第1章

计算机基础概论

目前，计算机已经渗透到人类工作、学习的方方面面，计算机被广泛地运用到各行各业。因此，学习和掌握计算机基础知识已成为人们的基本需求之一，只有熟练掌握计算机基础技能，才能符合当代社会发展的需要。

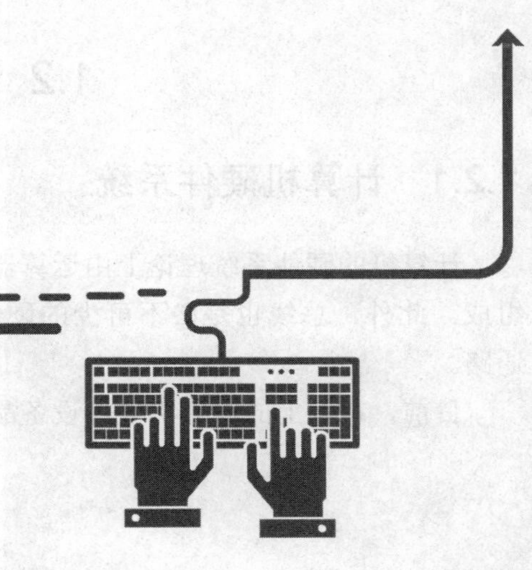

1.1 实训目的

随着网络技术的发展和计算机应用的进一步普及，越来越多的家庭希望拥有一台价格低廉、性价比高、兼容性强、调试方便、组合自由、个性张扬、升级空间大的计算机，此处以“家用学习型计算机”的模拟攒机为例，详细介绍计算机系统的整机组成、技术参数等。

攒机和人们所知的 DIY(Do It Yourself)是一个概念，意思就是自己动手组装计算机，把计算机的各部件一件一件攒起来组装成一台计算机。相对于品牌机，通过攒机得到的组装机能最大限度地发挥硬件的潜能，还有助于初学者提高对计算机的认识。

实训一：了解、掌握计算机的软件、硬件

(1) 了解计算机的CPU、主机、频率等。
(2) 了解计算机的缓存、内存、外存等。
(3) 了解计算机的内存条。
(4) 了解计算机显卡的功能。
(5) 熟悉计算机的主板。
(6) 熟悉计算机的硬盘、移动硬盘等。
(7) 熟悉计算机的主机和显示器。

实训二：根据所学知识，结合当前市场信息选择最佳配机方案

了解配机的最佳方案。
(1) 熟悉计算机的软件和硬件。
(2) 对计算机显卡、CPU 的品牌有进一步的了解。
(3) 初步了解计算机软硬件的兼容性。
(4) 对计算机存储数据方式有初步了解。
(5) 了解性价比等的概念。

1.2 实训内容

1.2.1 计算机硬件系统

计算机的硬件系统理论上由运算器、控制器、存储器、输入设备和输出设备五大部分组成。此外，总线也是必不可少的硬件设备，是计算机各功能部件之间传送消息的公共通路。

目前，市场上的计算机硬件设备品种多样，在攒机的时候要注意根据需要进行选择。

下文从各硬件设备的功能、型号、技术参数等方面对主流硬件选型进行分析。

1. CPU

CPU(Central Processing Unit，即中央处理器)，一般由算术逻辑运算单元、控制单元和存储单元组成。在运算和控制单元中包括一些寄存器，这些寄存器用于 CPU 在处理数据过程中暂时保存数据。图 1-1 所示为 Intel 酷睿 i5 4590 CPU 的正、反面示意，表 1-1 列出了该 CPU 的常见参数。

图 1-1　Intel 酷睿 i5 4590 CPU 正、反面

表 1-1　Intel 酷睿 i5 4590 CPU 的常见参数

字长	64b
插槽类型	LGA 1150
CPU 主频	3.3GHz
制作工艺	22nm
三级缓存	6MB
核心数量	四核心、四线程
热设计功耗(TDP)	84W

(1) 字长：这里的 64 位技术是相对于 32 位而言的，这个位数指的是 CPU GPRs(General-Purpose Registers，通用寄存器)的数据宽度为 64 位，64 位指令集就是运行 64 位数据的指令，也就是说处理器一次可以运行 64b 数据。64b 处理器并非现在才有的，在高端的 RISC(Reduced Instruction Set Computing，精简指令集计算机)很早就有 64b 处理器了，比如 SUN 公司的 UltraSparc Ⅲ、IBM 公司的 POWER5、HP 公司的 Alpha 等。把 64 位处理器运用到移动设备上的还有 Apple 公司。

(2) CPU 接口类型：CPU 需要通过某个接口与主板连接才能进行工作。CPU 经过这么多年的发展，采用的接口方式有引脚式、卡式、触点式、针脚式等。而目前 CPU 的接口都是针脚式接口，对应到主板上就有相应的插槽类型。CPU 接口类型不同，插孔数、体积、形状都有变化，所以不能互相接插。

(3) 主频：CPU 内核工作的时钟频率(CPU Clock Speed)。通常所说的某某 CPU 是多少兆赫的，而这个多少兆赫就是“CPU 的主频”。很多人认为，CPU 的主频就是其运行速度，其实不然。CPU 的主频表示在 CPU 内数字脉冲信号震荡的速度，与 CPU 实际的运算能力并没有直接关系。由于主频并不直接代表运算速度，在一定情况下，很可能会出现主频较高的 CPU 实际运算速度较低的现象。

(4) 制作工艺：通常所说的 CPU 的“制作工艺”指的是在生产 CPU 过程中，要进行加工各种电路和电子元件，制造导线连接各个元器件。通常其生产的精度以微米(μm,长度单位，$1\mu m=10^{-3}mm$)来表示，未来有向纳米(1nm，$1nm=10^{-3}\mu m$)发展的趋势，精度越高，生产工艺越先进。在同样的材料中可以制造更多的电子元件，连接线也越细，提高 CPU 的集成度，CPU 的功耗也越小。

(5) 缓存：是数据交换的缓冲区(称作 Cache)，当某一硬件要读取数据时，会首先从缓存中查找需要的数据，如果找到了，则直接执行，找不到的话，则从内存中找。由于缓存的运行速度比内存快得多，因此缓存的作用就是帮助硬件更快地运行。

L1 Cache(一级缓存)是 CPU 第一层高速缓存。内置的 L1 高速缓存的容量和结构对 CPU 的性能影响较大，不过高速缓冲存储器均由静态 RAM 组成，结构较复杂，在 CPU 管芯面积不能太大的情况下，L1 级高速缓存的容量不可能做得太大。一般 L1 缓存的容量在 32K～256KB。

L2 Cache(二级缓存)是 CPU 的第二层高速缓存，分内部和外部两种芯片。内部的芯片二级缓存运行速率与主频相同，外部的二级缓存只有主频的一半。L2 高速缓存容量也会影响 CPU 的性能，原则是越大越好，普通台式机 CPU 的 L2 缓存一般为 128KB 到 2MB 或者更高，笔记本、服务器和工作站上用的 CPU 的 L2 高速缓存最高可达 1M～3MB。

L3 Cache(三级缓存)分为两种，早期的是外置，现在的都是内置的。它的实际作用是，L3 缓存的应用可以进一步降低内存延迟，同时提升大数据量计算时处理器的性能。

CPU 功耗和热功耗：CPU 的功耗是处理器最基本的电气性能指标。CPU 的峰值功耗：处理器的核心电压与核心电流时刻都处于变化之中，这样处理器的功耗也在变化之中。在散热措施正常的情况下(即处理器的温度始终处于设计范围之内)，处理器负荷最高的时刻，其核心电压与核心电流都达到最高值，此时电压与电流的乘积便是处理器的峰值功耗。TDP(Thermal Design Power，散热设计功耗)是当处理器在满负荷的情况下，将会释放出多少的热量，也就是处理器的电流热效应以及其他形式产生的热能，并以瓦作为单位。例如英特尔奔腾 E 2140 处理器标注的 TDP 功率为 65W，也就是说，当其在满负荷运行的情况下，所产生的热量为 65W。处理器的 TDP 功耗并不代表处理器的真正功耗，更没有算术关系。TDP 功耗的多少最主要的作用是提供给散热片和风扇等散热器制造厂商，以供其设计散热器时参考。

2. 内存条

内存是计算机必不可少的组成部分，CPU 可通过数据总线对内存寻址。我们平常使用的程序，如 Windows XP 系统、打字软件、游戏软件等，一般是安装在硬盘等外存上的，但仅此是不能使用其功能的，必须把它们调入内存中运行，才能真正使用其功能。我们平时输入一段文字，或玩一个游戏，其实都是在内存中进行的。通常我们把要永久保存的、大量的数据存储在外存上，而把一些临时的或少量的数据和程序存储在内存上。

内存分为 DRAM 和 ROM 两种，前者又叫动态随机存储器，它的一个主要特征是断电后数据会丢失，我们平时说的内存就是指这一种；后者又叫只读存储器，我们平时开机首先启动的是存于主板上 ROM 中的 BIOS 程序，然后由它去调用硬盘中的 Windows，ROM 的一个主要特征是断电后数据不会丢失。图 1-2 所示为金士顿 4GB DDR3 1600 内存条的正、反面，表 1-2 列出了它的常见性能参数。

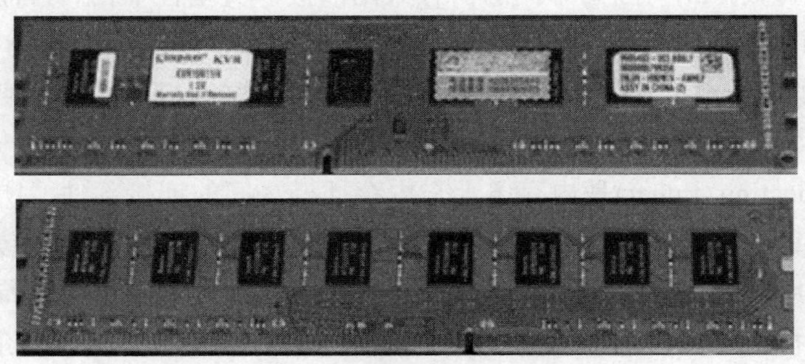

图 1-2　金士顿 4GB DDR3 1600 内存条的正、反面

表 1-2　金士顿 4GB DDR3 1600 内存条的常见性能参数

性能参数	参 数 值
内存型号	金士顿 4GB DDR3 1600
内存容量	4GB
工作主频	1600MHz
传输类型	DDR3
插槽类型	DIMM
工作电压	1.5V
ECC 校验	无

(1) 内存容量：是指该内存条可以容纳的二进制信息量，是内存条的关键性参数。内存容量以 MB 作为单位，可以简写为 M。目前台式机中主流采用的内存容量为 2GB 或 4GB。

(2) 主频：内存主频和 CPU 主频一样，习惯上被用来表示内存的速度，它代表着该内存所能达到的最高工作频率。内存主频是以 MHz(兆赫)为单位来计量的。内存主频越高在一定程度上代表着内存所能达到的速度越快。内存主频决定着该内存最高能在什么样的

频率正常工作。目前较为主流的内存频率是 667MHz 和 800MHz 的 DDR2 内存，以及 1066MHz、1333MHz 和 1600MHz 的 DDR3 内存。

但是，主存的主频不能完全由自身决定。因为内存本身并不具备晶体振荡器，而计算机系统的时钟速度是由主板上的晶体振荡器控制着的，所以内存工作时的时钟信号是由主板芯片组的北桥或直接由主板的时钟发生器提供的，也就是说内存无法决定自身的工作频率，其实际工作频率是由主板来决定的。

(3) 传输类型：指内存所采用的内存类型，不同类型的内存传输类型各有差异，在传输率、工作频率、工作方式、工作电压等方面都有不同。目前市场中主要的内存类型有 DDR、DDR2 和 DDR3 三种，其中 DDR3 内存占据了市场的主流，而 DDR 内存规格已不再发展，处于被淘汰的行列。

(4) 接口类型：是根据内存条金手指上导电触片的数量来划分的，金手指上的导电触片也习惯称为针脚数(Pin)。因为不同的内存采用的接口类型各不相同，而每种接口类型所采用的针脚数各不相同。笔记本内存一般采用 200Pin、204Pin 和 240Pin 接口；台式机内存则基本使用 240Pin 接口。对应于内存所采用的不同的针脚数，内存插槽类型也各不相同。

金手指(connecting finger)是内存条上与内存插槽之间的连接部件，所有的信号都是通过金手指进行传送的。金手指由众多金黄色的导电触片组成，因其表面镀金而且导电触片排列如手指状，所以称为“金手指”。金手指实际上是在覆铜板上通过特殊工艺再覆上一层金，因为金的抗氧化性极强，而且传导性也很强。不过因为金昂贵的价格，目前较多的内存条都采用镀锡来代替，只有部分高性能服务器/工作站的配件接触点才会继续采用镀金的做法。

(5) CL(CAS Latency)：CAS 的延迟时间，这是纵向地址脉冲的反应时间，也是在一定频率下衡量是否支持不同规范的内存的重要标志之一。内存负责向 CPU 提供运算所需的原始数据，而目前 CPU 运行速度超过内存数据传输速度很多，因此很多情况下 CPU 都需要等待内存提供数据，这就是常说的“CPU 等待时间”。内存传输速度越慢，CPU 等待时间就会越长，系统整体性能受到的影响就越大。因此，快速的内存是有效提升 CPU 效率和整机性能的关键之一。

CL 设置一定程度上反映出了该内存在 CPU 接到读取内存数据的指令后，到正式开始读取数据所需的等待时间。不过，并不是说 CL 值越低性能就越好，因为其他的因素会影响这个数据。

选择购买内存时，最好选择同样 CL 设置的内存，因为不同速度的内存混插在系统内，系统会以较慢的速度来运行，也就是当 CL9 和 CL8 的内存同时插在主机内，系统会自动让两条内存都工作在 CL9 状态，造成资源浪费。

(6) ECC 校验：全称为 Error Checking and Correcting，是一种内存纠错原理，它是比较先进的内存错误检查和更正的手段。ECC 内存即纠错内存，简单地说，其具有发现错

误。纠正错误的功能，一般应用在高档台式计算机/服务器及图形工作站上，这将使整个计算机系统在工作时更趋于安全、稳定。

(7) 内存电压：电压低的内存，功耗也相对低一些。

虽然新版本内存条和旧版本内存条相比，价格已经大幅下降，但不同的品牌和性能，价格还是有一些差别的，可以根据自己的需要和预算情况选择适合自己的价位。另外，购买内存时还须注意品牌和质量，生产内存的厂家较多，质量较为可靠的品牌有：韩国的 LG、金士顿，日本的东芝、日本精工、日本电气公司、日本松下。

3. 显卡的相关介绍

显卡全称为显示接口卡，又称显示适配器，是计算机最基本的配置、最重要的配件之一。显卡作为计算机主机中的一个重要组成部分，是计算机进行数/模信号转换的设备，承担输出、显示图形的任务。显卡接在计算机主板上，它将计算机的数字信号转换成模拟信号让显示器显示出来，同时显卡还具有图像处理能力，可协助 CPU 工作，提高整体的运行速度。显卡分为集成显卡和独立显卡两大类。

集成显卡是将显示芯片、显存及其相关电路都做在主板上，与主板融为一体。集成显卡的显示芯片有单独的，但大部分都集成在主板的北桥芯片中。一些主板集成的显卡也在主板上单独安装了显存，但其容量较小。集成显卡的显示效果与处理性能相对较弱，不能对显卡进行硬件升级，但可以通过 CMOS 调节频率或刷入新 BIOS 文件实现软件升级来挖掘显示芯片的潜能。集成显卡的优点是：功耗低、发热量小，部分集成显卡的性能已经可以媲美入门级的独立显卡，所以不用花费额外的资金购买显卡。缺点是，性能相对略低，且固化在主板或 CPU 上，本身无法更换，如需更换，只能与主板或显卡一次性更换。

独立显卡是指将显示芯片、显存及其相关电路单独做在一块电路板上，自成一体而作为一块独立的板卡存在，它需占用主板的扩展插槽。独立显卡的优点：单独安装有显存，一般不占用系统内存，在技术上也较集成显卡先进得多，比集成显卡能够得到更好的显示效果和性能，容易进行显卡的硬件升级。缺点是系统功耗有所加大，发热量也较大，需额外花费购买显卡的资金，同时占用更多空间。

图 1-3 所示为影驰 GeForce GTX 950 虎将显卡的正反面，表 1-3 列出了它的基本参数。

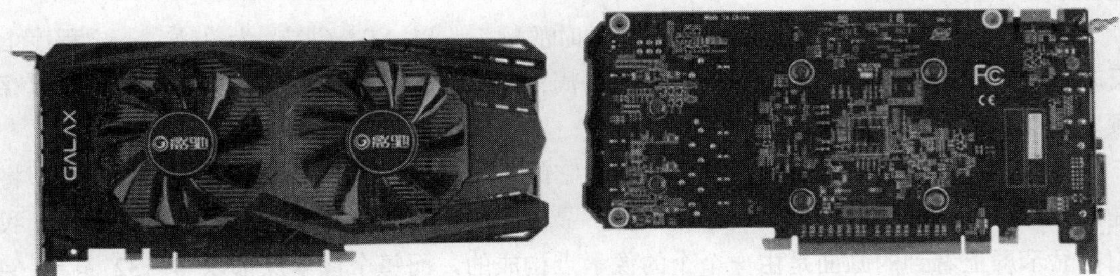

图 1-3　影驰 GeForce GTX 950 虎将显卡的正、反面

表 1-3　影驰 GeForce GTX 950 虎将显卡的基本参数

参数规格	参数值或说明	参数规格	参数值或说明
芯片厂商	NVIDIA	显卡类型	GDDR5
显卡型号	GeForce GTX 950	显存容量	2GB
制作工艺	28nm	显存位宽	128b
核心代号	GM206	显存频率	6696MHz
核心频率	1114/1304MHz	最大分辨率	4096×2160
CUDA 核心	768 个	接口类型	PCI Express 3.0 16X
工作电压	1.5V	I/O 接口	1×HDMI 接口， 1×DVI 接口，1×DisplayPort 接口
3D API	DirectX12,OpenGL 4.4	支持 HDCP	是

衡量显卡性能的参数一般分为四类：显示芯片(芯片厂商、芯片型号、制造工艺、核心代号、核心频率、SP 单元、渲染管线、版本级别等)、显卡内存(显存类型、显存容量、显存带宽(显存频率×显存位宽÷8)、显存速度、显存颗粒、最高分辨率、显存时钟周期、显存封装)、技术支持(像素填充率、顶点着色引擎、3D API、RAMDAC 频率)、显卡 PCB 板(PCB 层数、显卡接口、输出接口、散热装置等)。

(1) 芯片厂商：目前常见的设计、制造显示芯片的厂家有 NVIDIA、ATI、SIS、VIA 等公司。

显示芯片的制造工艺与 CPU 一样，也是用微米或纳米来衡量其加工精度。制造工艺的提高，意味着显示芯片的体积将更小、集成度更高，可以容纳更多的晶体管，性能会更加强大，功耗也会降低。

(2) 核心频率：是指显示核心的工作频率，其工作频率在一定程度上可以反映出显示核心的性能，但显卡的性能是由核心频率、显存、像素管线、像素填充率等多方面的情况所决定的，因此在显示核心不同的情况下，核心频率高并不代表此显卡性能强劲。比如 9600Pro 的核心频率达到了 400MHz，要比 9800Pro 的 380MHz 高，但在性能上 9800Pro 绝对要强于 9600Pro。在同样级别的芯片中，核心频率高的性能要强一些，提高核心频率就是显卡超频的方法之一。

(3) 显存频率：是指显存在显卡上工作时的频率，以 MHz(兆赫)为单位。一定程度上反映了该显存的速度。显存频率与显存时钟周期是相关的，二者成倒数关系，也就是显存频率=1/显存时钟周期。

(4) 显存类型：显存也被叫作帧缓存，它的作用是用来存储显卡芯片处理过或者即将提取的渲染数据。如同计算机的内存一样，显存是用来存储要处理的图形信息的部件。我们在显示屏上看到的画面是由一个个的像素点构成的，而每个像素点都以 4～32 甚至 64 位的数据来控制它的亮度和色彩，这些数据必须通过显存来保存，再交由显示芯片和 CPU 调配，最后把运算结果转化为图形输出到显示器上。目前市场上主要以 GDDRI5 为主。

(5) 显存容量：显存容量的大小决定着显存临时存储数据的能力，在一定程度上也会影响显卡的性能。显存容量也是随着显卡的发展而逐步增大的，并且有越来越增大的趋势。

值得注意的是，显存容量越大并不一定意味着显卡的性能就越高，因为决定显卡性能的三要素首先是其所采用的显示芯片，其次是显存带宽(这取决于显存位宽和显存频率)，最后才是显存容量。一款显卡究竟应该配备多大的显存容量才合适是由其所采用的显示芯片所决定的，也就是说显存容量与显示核心的性能相匹配才合理，显示芯片性能越高，由于其处理能力越高，所配备的显存容量相应也应该越大，而低性能的显示芯片配备大容量显存对其性能是没有任何帮助的。

(6) 显存位宽：是显存在一个时钟周期内所能传送数据的位数，位数越大，则瞬间所能传输的数据量越大。目前市场上的显存位宽有 64 位、128 位和 256 位三种，人们习惯上叫的 64 位显卡、128 位显卡和 256 位显卡就是指其相应的显存位宽。显存位宽越高，性能越好，价格也就越高，因此 256 位宽的显存更多地应用于高端显卡，而主流显卡基本都采用 128 位显存。

显存带宽=显存频率×显存位宽/8，那么在显存频率相当的情况下，显存位宽将决定显存带宽的大小。

显卡的显存是由一块块的显存芯片构成的，显存总位宽同样也是由显存颗粒的位宽组成。显存位宽=显存颗粒位宽×显存颗粒数。显存颗粒上都带有相关厂家的内存编号，可以去网上查找其编号，就能了解其位宽，再乘以显存颗粒数，就能得到显卡的位宽。

(7) 显卡的最大分辨率：是指显卡在显示器上所能描绘的像素点的数量。显示器上显示的画面是由一个个的像素点构成的，这些像素点的所有数据都是由显卡提供的，最大分辨率就是表示显卡输出给显示器，并能在显示器上描绘像素点的数量。分辨率越大，所能显示的图像的像素点就越多，并且能显示更多的细节，当然也就越清晰。

(8) 接口类型：是指显卡与主板连接所采用的接口种类。显卡的接口决定着显卡与系统之间数据传输的最大带宽，也就是瞬间所能传输的最大数据量。不同的接口决定着主板是否能够使用此显卡，只有在主板上有相应接口的情况下，显卡才能使用，并且不同的接口能为显卡带来不同的性能。

(9) 散热方式：显卡的散热方式分为散热片和散热片配合风扇的形式，也叫作主动式散热和被动式散热方式。一般一些工作频率较低的显卡采用的是被动式散热，这种散热方式就是在显示芯片上安装一个散热片即可，并不需要散热风扇。

(10) 3D API：API 是 Application Programming Interface 的缩写，是应用程序接口的意思，3D API 则是指显卡与应用程序直接的接口。

因为家用学习型计算机对性能要求不高，尤其对 3D 图形处理性能要求不高，所以不需要购买独立显卡，用集成显卡就行。

4. 主板的相关介绍

(1) 主板：又叫主机板(mainboard)、系统板(systemboard)或母板(motherboard)；它分为商用主板和工业主板两种。它安装在机箱内，是计算机最基本的也是最重要的部件之一。主板一般为矩形电路板，上面安装了组成计算机的主要电路系统，一般有 BIOS 芯片、I/O 控制芯片、键和面板控制开关接口、指示灯插接件、扩充插槽、主板及插卡的直流电源供电接插件等元件。图 1-4 所示为技嘉 GA-B85M-D2V 主板，表 1-4 列出了技嘉 GA-B85M-D2V 主板的详细参数。区分不同主板时，主要从其所包括的芯片组类型、对各种外设的支持能力等方面考虑。

图 1-4　技嘉 GA-B85M-D2V 主板

表 1-4　技嘉 GA-B85M-D2V 主板的详细参数

参数名称或规格	参数说明
集成芯片	声卡/网卡
主芯片组	Intel B85
显示芯片	CPU 内置显示芯片(需要 CPU 支持)
音频芯片	集成 Realtek ALC887 8 声道音效芯片
网卡芯片	板载千兆网卡
CPU 类型	Core i7/Core i5/Core i3/Pentium/Celeron
CPU 插槽	LGA 1150
CPU 描述	支持 Intel 22nm 处理器
内存类型	DDR3
内存插槽	2×DDR3 DIMM
最大内存容量	16GB
内存描述	支持双通道 DDR3 1600/1333MHz 内存

续表

参数名称或规格	参数说明
PCI-E 标准	PCI-E 3.0 标准
PCI-E 插槽	1×PCI-E X16 显卡插槽；2×PCI-E X1 插槽
存储接口	2×SATA II 接口；4×SATA III 接口
USB 接口	8×USB 2.0 接口；4×USB 3.0 接口
PS/2 接口	PS/2 鼠标，PS/2 键盘接口
其他接口	1×RJ45 网络接口；音频接口
BIOS 性能	2 个 32Mb flash；使用经授权 AMI EFI BIOS； 支持 DualBIOS PnP 1.0a，DMI 2.0，SM BIOS 2.6，ACPI 2.0a

① 主板芯片组：芯片组(Chipset)是主板的核心组成部分，几乎决定了这块主板的功能，进而影响到整个计算机系统性能的发挥。按照在主板上的排列位置的不同，通常分为北桥芯片和南桥芯片。北桥芯片提供对 CPU 的类型和主频、内存的类型和最大容量、ISA/PCI/AGP 插槽、 ECC 纠错等支持。南桥芯片则提供对 KBC(键盘控制器)、RTC(实时时钟控制器)、USB(通用串行总线)、Ultra DMA/33(66)EIDE 数据传输方式和 ACPI(高级能源管理)等的支持。其中北桥芯片起着主导性的作用，也称为主桥(Host Bridge)。

② 显示芯片是指主板所配载的显示芯片，有显示芯片的主板不需要独立显卡就能实现普通的显示功能，以满足一般的家庭娱乐和商业应用，可节省用户购买显卡的开支。

③ 随着主板整合程度的提高以及 CPU 性能的日益强大，同时主板厂商降低用户采购成本的考虑，板载声卡出现在越来越多的主板中，目前板载声卡几乎成为主板的标准配置了，没有板载声卡的主板反而比较少了。

④ 主板网卡芯片是指整合了网络功能的主板所集成的网卡芯片，与之相对应，在主板的背板上也有相应的网卡接口(RJ-45)，该接口一般位于音频接口或 USB 接口附近。如图 1-5 所示，这是板载 RTL8100B 网卡芯片。

⑤ 以前由于宽带上网很少，大多是拨号上网，网卡并非计算机的必备配件，板载网卡芯片的主板很少，如果要使用网卡就只能采取扩展卡的方式；而现在随着宽带上网的流行，网卡逐渐成为计算机的基本配件之一，板载网卡芯片的主板也越来越多了。

⑥ PS/2 接口是目前最常见的鼠标接口，如图 1-6 所示。这是一种鼠标和键盘的专用接口，是一种 6 针的圆形接口。但鼠标只使用其中的 4 针传输数据和供电，其余 2 个为空脚。

需要注意的是，在连接 PS/2 接口鼠标时不能错误地插入键盘 PS/2 接口(当然，也不能把 PS/2 键盘插入鼠标 PS/2 接口)。一般情况下，符合 PC99 规范的主板，其鼠标的接口为绿色，键盘的接口为紫色。另外也可以从 PS/2 接口的相对位置来判断：靠近主板 PCB 的是键盘接口，其上方的是鼠标接口。

图 1-5 板载 RTL8100B 网卡芯片

图 1-6 鼠标键盘接口

⑦ BIOS(Basic Input Output System，基本输入输出系统)：全称是 ROM-BIOS，是只读存储器基本输入/输出系统的简写，它实际是一组被固化到计算机中，为计算机提供最低级、最直接的硬件控制的程序，它是连通软件程序和硬件设备之间的枢纽。通俗地说，BIOS 是硬件与软件程序之间的一个“转换器”或者说是接口(虽然它本身也只是一个程序)，负责解决硬件的即时要求，并按软件对硬件的操作要求具体执行。

(2) CMOS：是互补金属氧化物半导体的缩写。其本意是指制造大规模集成电路芯片用的一种技术或用这种技术制造出来的芯片。在这里通常是指计算机主板上的一块可读写的 RAM 芯片。它存储了计算机系统的时钟信息和硬件配置信息等。系统在加电引导机器时，要读取 CMOS 中的信息，用来初始化机器各个部件的状态。它靠系统电源和后备电池来供电，系统掉电后，其信息不会丢失。

CMOS 与 BIOS 的区别：由于 CMOS 与 BIOS 都跟计算机系统设置密切相关，因此才有 CMOS 设置和 BIOS 设置的说法。CMOS RAM 是系统参数存放的地方，而 BIOS 中系统设置程序是完成参数设置的手段。因此，准确的说法应是通过 BIOS 设置程序对 CMOS 参数进行设置。而我们平常所说的 CMOS 设置和 BIOS 设置是其简化说法，也就在一定程度上造成了两个概念的混淆。

5. 硬盘的相关介绍

硬盘是计算机主要的存储媒介之一，由一个或者多个铝制或者玻璃制的碟片组成。碟片外覆盖有铁磁性材料。

硬盘有固态硬盘(SSD，新式硬盘)、机械硬盘(HDD，传统硬盘)、混合硬盘(HHD，一块基于传统机械硬盘诞生的新硬盘)。SSD 采用闪存颗粒来存储，HDD 采用磁性碟片来存储，混合硬盘(Hybrid Hard Disk，HHD)是把磁性硬盘和闪存集成到一起的一种硬盘。绝大多数硬盘是固定硬盘，被永久性地密封固定在硬盘驱动器中。

图 1-7 给出了硬盘希捷 ST1000DM003 的正、反面图，表 1-5 给出了它的主要参数。

图 1-7　希捷 ST1000DM003 的正、反面图

表 1-5　希捷 ST1000DM003 的主要参数

参数规格	参 数 值
适用类型	台式机
硬盘容量	1000GB
接口类型	SATA3.0
功耗	5.9W
硬盘尺寸	3.5 英寸
硬盘缓存	64MB
转速	7200rpm
磁头个数	2
平均寻道时间	读取：<8.5 ms 写入：<9.5ms

(1)　硬盘容量：硬盘的容量以兆字节(MB/MiB)、千兆字节(GB/GiB)或百万兆字节(TB/TiB)为单位，常见的换算式为 1TB=1024GB，1GB=1024MB，1MB=1024KB。但硬盘厂商通常使用的是 GB，也就是 1GB=1000MB，而 Windows 系统，就依旧以“GB”字样来表示“GiB”单位(按 1024 换算的)，因此我们在 BIOS 中或在格式化硬盘时看到的容量比厂家的标称值要小。

硬盘的容量指标还包括硬盘的单碟容量。所谓单碟容量是指硬盘单片盘片的容量，单碟容量越大，单位成本越低，平均访问时间也越短。

一般情况下硬盘容量越大，单位字节的价格就越便宜，但是超出主流容量的硬盘略微例外。

(2)　硬盘转速：转速(Rotational Speed 或 Spindle Speed)，是硬盘内电机主轴的旋转速度，也就是硬盘盘片在一分钟内所能完成的最大转数。转速的快慢是标示硬盘档次的重要

参数之一，它是决定硬盘内部传输率的关键因素之一，在很大程度上直接影响到硬盘的速度。硬盘的转速越快，硬盘寻找文件的速度也就越快，相对地，硬盘的传输速度也就得到了提高。硬盘转速以每分钟多少转来表示，单位表示为 RPM。RPM 是 Revolutions Per Minute 的缩写，是转/分钟(r/min)。RPM 值越大，内部传输率就越快，访问时间就越短，硬盘的整体性能也就越好。

(3) 访问时间：平均访问时间(Average Access Time)是指磁头从起始位置到目标磁道位置，并且从目标磁道上找到要读写的数据扇区所需的时间。平均访问时间体现了硬盘的读写速度，它包括了硬盘的寻道时间和等待时间，即：平均访问时间=平均寻道时间+ 平均等待时间。

硬盘的平均寻道时间(Average Seek Time)是指硬盘的磁头移动到盘面指定磁道所需的时间。这个时间当然越小越好，硬盘的平均寻道时间通常在 8ms 到 12ms 之间，而 SCSI 硬盘则应小于或等于 8ms。

硬盘的等待时间，又叫潜伏期(Latency)，是指磁头已处于要访问的磁道，等待所要访问的扇区旋转至磁头下方的时间。平均等待时间为盘片旋转一周所需的时间的一半，一般应在 4ms 以下。

(4) 传输速率：是指硬盘读写数据的速度，单位为兆字节每秒(MB/s)。硬盘数据传输率又包括了内部数据传输率和外部数据传输率。

内部传输率(Internal Transfer Rate)也称为持续传输率(Sustained Transfer Rate)，它反映了硬盘缓冲区未用时的性能。内部传输率主要依赖于硬盘的旋转速度。

外部传输率(External Transfer Rate)也称为突发数据传输率(Burst Data Transfer Rate)或接口传输率，它标称的是系统总线与硬盘缓冲区之间的数据传输率。外部数据传输率与硬盘接口类型和硬盘缓存的大小有关。

(5) 硬盘缓存：缓存(Cache Memory)是硬盘控制器上的一块内存芯片，具有极快的存取速度，它是硬盘内部存储和外界接口之间的缓冲器。由于硬盘的内部数据传输速度和外界界面传输速度不同，缓存在其中起到一个缓冲的作用。

(6) 硬盘接口：硬盘接口是硬盘与主机系统间的连接部件，作用是在硬盘缓存和主机内存之间传输数据。不同的硬盘接口决定着硬盘与计算机之间的连接速度，在整个系统中，硬盘接口的优劣直接影响着程序运行的快慢和系统性能的好坏。从整体的角度上，硬盘接口分为 IDE、SATA、SCSI 和光纤通道四种。

IDE 的英文全称为 Integrated Drive Electronics，即电子集成驱动器，它的本意是指把“硬盘控制器”与“盘体”集成在一起的硬盘驱动器。把盘体与控制器集成在一起的做法减少了硬盘接口的电缆数目与长度，数据传输的可靠性得到了增强，硬盘制造起来变得更容易，因为硬盘生产厂商不需要再担心自己的硬盘是否与其他厂商生产的控制器兼容。对用户而言，硬盘安装起来也更为方便。IDE 这一接口技术从诞生至今就一直在不断发展，性能也不断地提高，其拥有的价格低廉、兼容性强的特点，为其造就了其他类型硬盘无法

替代的地位。

SCSI 的英文全称为 Small Computer System Interface，即小型计算机系统接口，是同 IDE(ATA)完全不同的接口，IDE 接口是普通 PC 的标准接口，而 SCSI 并不是专门为硬盘设计的接口，是一种广泛应用于小型机上的高速数据传输技术。SCSI 接口具有应用范围广、多任务、带宽大、CPU 占用率低，以及热插拔等优点，但较高的价格使得它很难如 IDE 硬盘般普及，因此 SCSI 硬盘主要应用于中、高端服务器和高档工作站中。

光纤通道的英文拼写是 Fibre Channel，和 SCSI 接口一样，光纤通道最初也不是为硬盘设计开发的接口技术，是专门为网络系统设计的，但随着存储系统对速度的需求，才逐渐应用到硬盘系统中。光纤通道硬盘是为提高多硬盘存储系统的速度和灵活性才开发的，它的出现大大提高了多硬盘系统的通信速度。光纤通道的主要特性有：热插拔性、高速带宽、远程连接、连接设备数量大等。

使用 SATA(Serial ATA)口的硬盘又叫串口硬盘。串口硬盘是一种完全不同于并行 ATA 的新型硬盘接口类型，由于采用串行方式传输数据而知名。相对于并行 ATA 来说，就具有非常多的优势。首先，Serial ATA 以连续串行的方式传送数据，一次只会传送 1 位数据。这样能减少 SATA 接口的针脚数目，使连接电缆数目变少，效率也会更高。实际上，Serial ATA 仅用 4 个针脚就能完成所有的工作，分别用于连接电缆、连接地线、发送数据和接收数据，同时这样的架构还能降低系统能耗和减小系统复杂性。其次，Serial ATA 的起点更高、发展潜力更大，Serial ATA 1.0 定义的数据传输率可达 150MB/s，这比目前最新的并行 ATA(即 ATA/133)所能达到 133MB/s 的最高数据传输率还高，而在 Serial ATA 2.0 的数据传输率将达到 300MB/s，最终 SATA 将实现 600MB/s 的最高数据传输率。

6. 主机的相关介绍

(1) 机箱：是计算机大部分部件的载体。机箱作为计算机配件中的一部分，它起的主要作用是放置和固定各计算机配件，起到承托和保护的作用。此外，计算机机箱具有屏蔽电磁辐射的重要作用。虽然机箱不是很重要的配置，但是使用质量不良的机箱容易让主板和机箱短路，使计算机系统变得很不稳定。一般选择 PC 机箱时，外观是首选因素。然而，选择服务器机箱，实用性就排在了更加重要的地位，一般来说主要应该从以下几个方面进行考核。

① 散热性：散热性能主要表现在三个方面，一是风扇的数量和位置，二是散热通道的合理性，三是机箱材料的选择。一般来说，品牌服务器机箱比如超微都可以很好地做到这一点，采用大口径的风扇直接针对 CPU、内存及磁盘进行散热，形成从前方吸风到后方排风(塔式为下进上出，前进后出)的良好散热通道，形成良好的热循环系统，及时带走机箱内的大量热量，保证服务器的稳定运行。而采用导热能力较强的优质铝合金或者钢材料制作的机箱外壳，也可以有效地改善散热环境。

② 冗余性：一是散热系统的冗余性，此类服务器机箱一般必须配备专门的冗余风扇，当个别风扇因为故障停转的时候，冗余风扇会立刻接替工作；二是电源的冗余性，当

主电源因为故障失效或者电压不稳时，冗余电源可以接替工作继续为系统供电；三是存储介质的冗余性，要求机箱有较多的热插拔硬盘位，可以方便地对服务器进行热维护。

③ 设计精良：设计精良的服务器机箱会提供方便的 LED 显示灯以供维护者及时了解机器情况，前置 USB 口之类的小设计也会极大地方便使用者。同时，更有机箱提供了前置冗余电源的设计，使得电源维护也更为便利。

④ 用料足：以超微机箱为例，同样是 4U 或者塔式机箱，超微的产品从重量上就可以达到杂牌产品的甚至三四倍。在机柜中间线缆密布、设备繁多的情况下，机箱的用料直接牵涉到主机屏蔽其他设备电磁干扰的能力。因为服务器机箱的好坏直接牵涉到系统的稳定性，所以一些知名服务器主板大厂也会生产专业的服务器机箱，以保证最终服务器产品的稳定性。

航喜暗夜猎手 2 机箱外观时尚大方，做工细腻，防尘效果好，采用良好的散热侧板和防辐射设计，特别适合家用学习型计算机。

(2) 电源：电源作为整个计算机系统的动力来源，其品质好坏将直接影响计算机的稳定性、使用寿命、后续扩展、超频等因素，如果选用不合适的电源，将为整个系统埋下隐患。选购电源时，要考虑电源的材质、电源功率、安全规格、电源接口等。

考虑到家用学习型计算机对功耗、静音等方面的要求，在此推荐先马金牌 500W 电源。

(3) 散热器：计算机部件中大量使用集成电路，而高温是集成电路的大敌。导致高温的热量不是来自计算机外，而是计算机内部，或者说是集成电路内部。散热器的作用就是将这些热量吸收，然后发散到机箱内或者机箱外，保证计算机部件的温度正常。多数散热器通过和发热部件表面接触，吸收热量，再通过各种方法将热量传递到远处，比如机箱内的空气中，然后机箱将这些热空气传到机箱外，完成计算机的散热。

散热器的种类非常多，CPU、显卡、主板芯片组、硬盘、机箱、电源甚至光驱和内存都会需要散热器，这些不同的散热器是不能混用的，而其中我们最常接触的就是 CPU 的散热器。依照从散热器带走热量的方式，可以将散热器分为主动散热器和被动散热器。前者常见的是风冷散热器，后者常见的就是散热片。进一步细分散热方式，可以分为风冷、热管、液冷、半导体制冷、压缩机制冷等。

适用类型是指该散热器产品所适用的产品类型，例如 CPU、显卡、内存、硬盘、机箱等。特定类型的散热器只能用在相应的产品上。

在选购散热器时，可以根据自己的实际需求以及经济条件来选购，原则是够用就好。

7. 显示器与其他硬件的相关介绍

(1) 显示器：通常也被称为监视器。显示器属于计算机的 I/O 设备，即输入输出设备。它是一种将一定的电子文件通过特定的传输设备显示到屏幕上再反射到人眼的显示工具。根据制造材料的不同，可分为阴极射线管显示器(CRT)、等离子显示器(PDP)、液晶显示器(LCD)等。下面对其常见参数做简要叙述。

① 可视面积：液晶显示器所标示的尺寸就是实际可以使用的屏幕范围。例如，一个

15.1 英寸的液晶显示器约等于 17 英寸 CRT 屏幕的可视范围。

② 可视角度：液晶显示器的可视角度左右对称，而上下则不一定对称。当背光源的入射光通过偏光板、液晶及取向膜后，输出光便具备了特定的方向特性，也就是说，大多数从屏幕射出的光具备了垂直方向。

③ 点距参数：一般 14 英寸 LCD 的可视面积为 285.7mm×214.3mm，它的最大分辨率为 1024×768，那么点距就等于可视宽度/水平像素(或者可视高度/垂直像素)。

④ 色彩表现：LCD 重要的当然是色彩表现度。自然界的任何一种色彩都是由红、绿、蓝三种基本色组成的。14 英寸 LCD 面板上最多是由 1024×768 个像素点组成显像的，每个独立的像素色彩是由红、绿、蓝(R、G、B)三种基本色来控制。大部分液晶显示器，每个基本色(R、G、B)达到 6 位，即 64 种表现度。

⑤ 对比值：是定义最大亮度值(全白)除以最小亮度值(全黑)的比值。CRT 显示器的对比值通常高达 500∶1，以至在 CRT 显示器上呈现真正全黑的画面是很容易的。但对 LCD 来说就不是很容易了，由冷阴极射线管所构成的背光源很难做快速的开关动作，因此背光源始终处于点亮的状态。为了得到全黑画面，液晶模块必须把由背光源而来的光完全阻挡，但在物理特性上，这些组件无法完全达到这样的要求，总是会发生漏光。一般来说，人眼可以接受的对比值约为 250∶1。

⑥ 亮度数值：液晶显示器的最大亮度，通常由冷阴极射线管(背光源)来决定，亮度值一般为 200～250cd/m^2。液晶显示器的亮度略低，会觉得屏幕发暗。如今市场上液晶显示器的亮度普遍为 250cd/m^2，超过 24 英寸的显示器则要稍高，但也基本维持在 300～400cd/m^2，虽然技术上可以达到更高亮度，但是这并不代表亮度值越高越好，因为太高亮度的显示器有可能使观看者眼睛受伤。

⑦ 响应时间：是指液晶显示器各像素点对输入信号反应的速度，此值当然是越小越好。如果响应时间太长，就有可能使液晶显示器在显示动态图像时，有尾影拖曳的感觉。一般的液晶显示器的响应时间为 5～10ms，而一线品牌的产品中，普遍达到了 5ms 以下的响应时间，基本避免了尾影拖曳问题产生。

⑧ 扫描方式：指的是显像管中的电子枪对屏幕的扫描方式。

(2) 其他硬件：键盘作为日常接触最多的计算机输入设备，可以从键盘手感、外观、做工、键位布局、噪声、键位冲突等方面进行考虑；选购鼠标时，要结合自己的经费和工作需要挑选。

1.2.2　计算机软件系统

一个完整的计算机系统必须包含软件系统。计算机的软件系统由运行在该计算机上的所有程序构成，一般包括系统软件和应用软件两类。

1. 系统软件的介绍

系统软件一般包括操作系统、语言处理程序、数据库管理系统和网络管理系统等。其主要功能是帮助用户管理计算机的硬件，控制程序调度，执行用户命令，方便用户使用、维护和开发计算机等。

2. 应用软件的介绍

应用软件是软件公司或者用户为了解决某类问题而专门研制开发的软件。常用的应用软件有文字处理软件、工程设计绘图软件、办公事务管理软件、图书情报搜索软件、医用诊断软件、辅助教学软件、辅助设计软件和实时控制软件等。

1.3 实 训 练 习

根据所学知识，结合当前市场信息，给出满足以下三种不同用户需求的计算机配置，并给出配机理由。

装机训练要求：

(1) 能够支持绝大部分主流游戏的大型 3D 游戏型计算机。

(2) 能够观看高清影片的影音娱乐型计算机。

(3) 能够满足专业的音频处理需求的图形音像型计算机。

第 2 章

Windows 7 操作系统基础

Windows 7 是由微软公司(Microsoft)开发的操作系统，是目前普及较广的操作系统。与 Windows 以往的操作系统相比，Windows 7 具有更易用、更快速、更简单、更安全等特点。本章将从系统的概述开始，简单介绍如何使用 Windows 7。

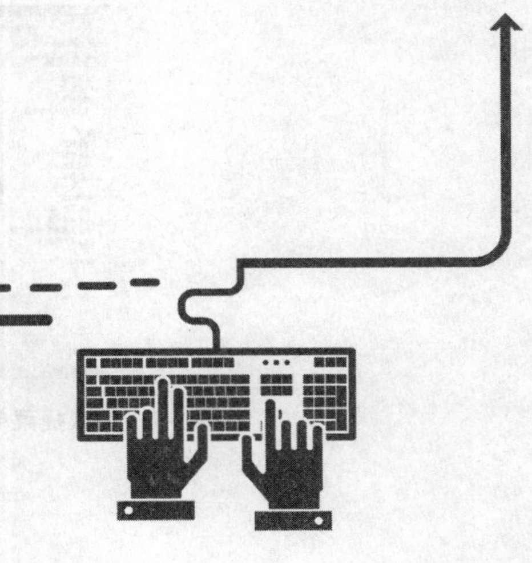

2.1 实 训 目 的

计算机中所有的信息都是以“文件”为单位存储在磁盘上的，学习 Windows 的操作在很大程度上主要是学习如何操作与管理文件和文件夹。现如今每天的学习中、工作中都离不开计算机的使用，使用计算机的同时也会产生大量的文件等，未经过管理的文件，在后期的寻找中将会出现很麻烦的情况，因此，为了使计算机中的文件存放得更加有条理，便于查看和使用，就需要学会对文件或文件夹进行操作和管理。

通过文件管理工具，可以对文件或文件夹进行建立、查看、复制、移动、删除、压缩和解压缩等基本操作。

2.2 实 训 内 容

2.2.1 整理计算机中的文件

1. 整理文件

现计算机 F 盘中有一“影视”文件夹，建立如下所示的文件目录结构，并将“影视”文件夹中的.jpg 文件和.txt 文件分别放入不同文件夹。

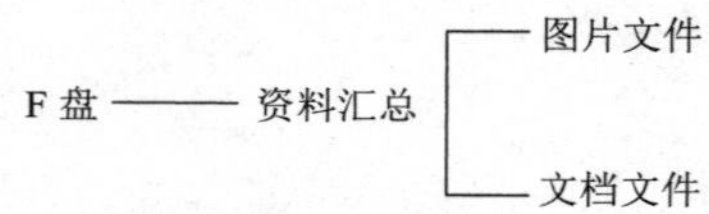

(1) 建立分类文件夹，打开“计算机”文件夹窗口，双击(按两下鼠标左键并快速释放)“本地磁盘(F:)”图标，打开 F 盘。

(2) 单击(按一下鼠标左键并快速释放)工具栏中的“新建文件夹”按钮，或者右击空白处，在弹出的快捷菜单中选择“新建”→“文件夹”命令，如图 2-1 所示，新建一个空白文件夹。

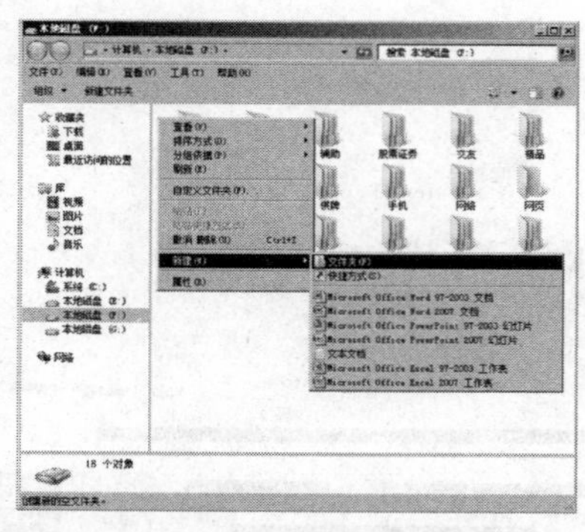

图 2-1 在快捷菜单中选择“新建”→“文件夹”命令

(3) 输入文件名“资料汇总”，如图 2-2 所示。

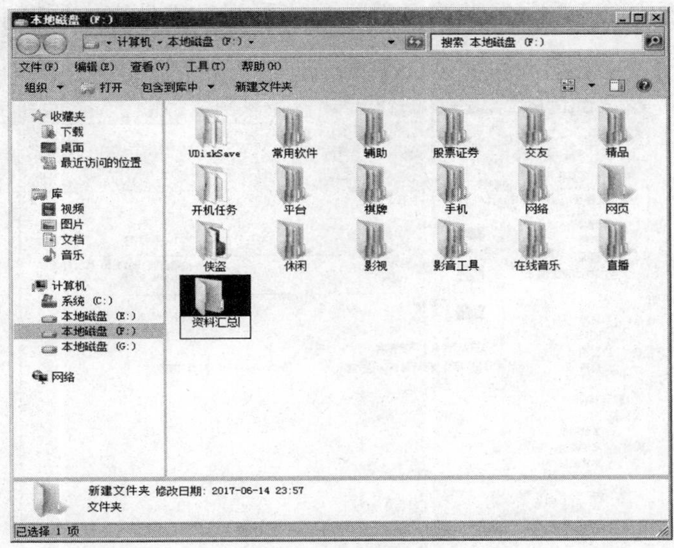

图 2-2　修改文件夹名

(4) 双击“资料汇总”文件夹图标，打开文件夹窗口，重复步骤(2)，分别建立“图片文件”和“文档文件”两个空白文件夹，如图 2-3 所示。

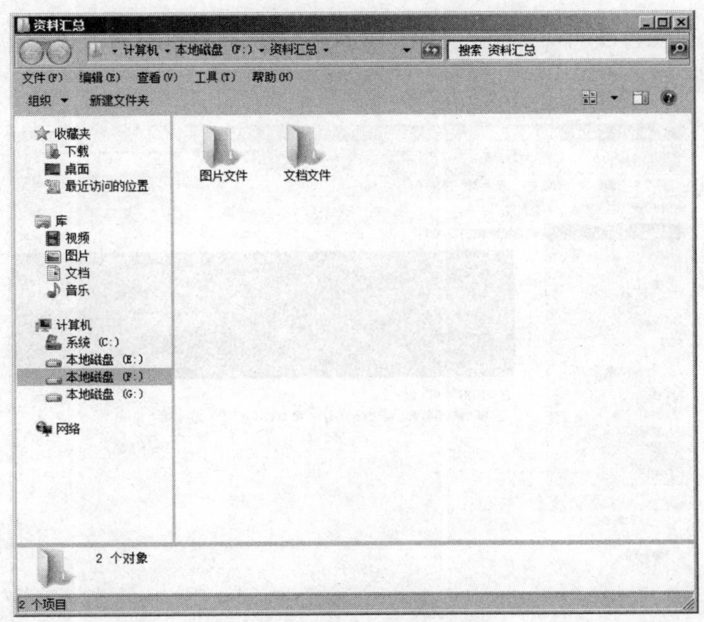

图 2-3　新建两个空白文件夹

2．查找文件

(1) 查找要进行分类的文件并移动到对应文件夹进行分类。

① 返回到 F 盘的文件夹窗口中，打开“影视”文件夹。

② 在搜索框中输入*.jpg，将自动筛选出“影视”文件夹中所有.jpg 格式的图片文件，如图 2-4 所示。

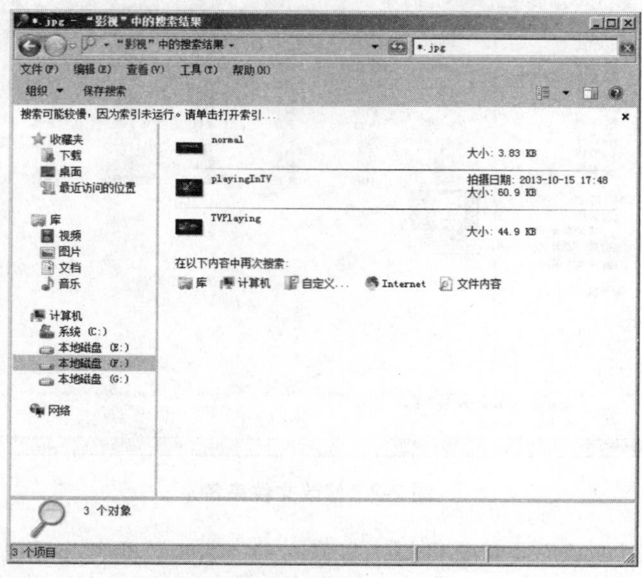

图 2-4　搜索.jpg 文件

(2) 选中所有图片文件，单击“组织”下拉按钮，在弹出的下拉菜单中选择“剪切”命令，如图 2-5 所示。

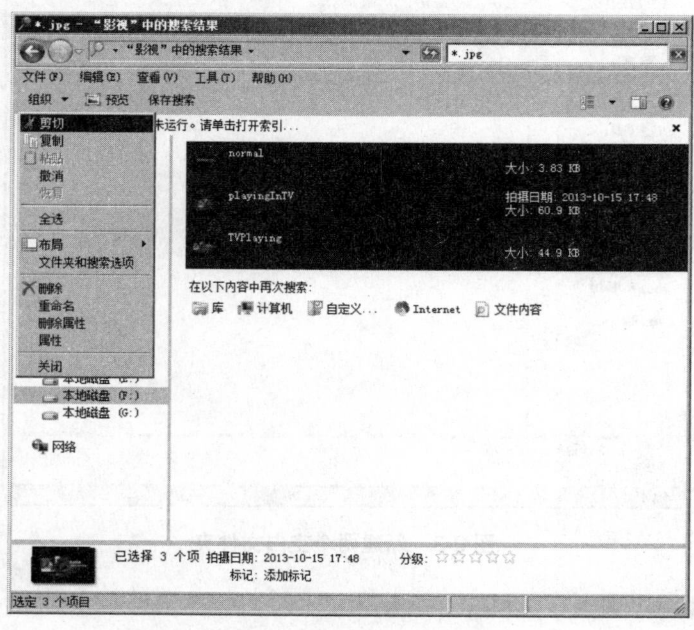

图 2-5　选择“剪切”命令

(3) 切换到前面所建的“图片文件”文件夹窗口。

(4) 单击“组织”下拉按钮，在弹出的下拉菜单中选择“粘贴”命令，即可将剪切的图片全部移动至该文件夹中，如图 2-6 所示。同理进行筛选并移动.txt 文件的操作。

图 2-6　使用“粘贴”命令

2.2.2　删除文件或文件夹

在使用计算机的过程中，及时清理计算机中无用的文件或文件夹是非常必要的，既有利于提高管理效率，又可节省存储空间。

1. 删除文件

删除文件或文件夹到回收站的操作步骤如下。

(1) 打开文件夹窗口。

(2) 选择需要删除的文件或文件夹(此处是“影视”文件夹)。

(3) 单击“组织”下拉按钮，在弹出的下拉菜单中选择“删除”命令。

(4) 弹出“删除文件”对话框，单击“是”按钮即可将所选文件或文件夹移动至回收站中。

2.“回收站”删除

彻底删除文件或文件夹的操作步骤如下。

(1) 打开“回收站”窗口，如图 2-7 所示。

(2) 单击工具栏中的“清空回收站”按钮，将彻底删除回收站中所有的文件和文件夹。

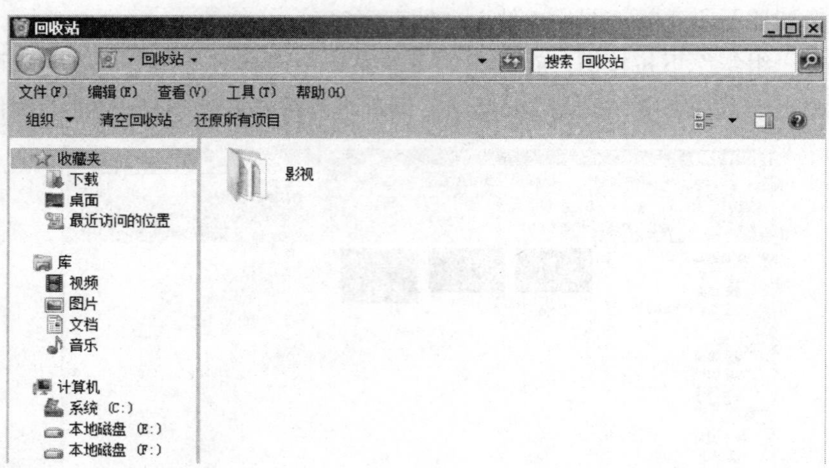

图 2-7 打开“回收站”

(3) 若仅需单独删除某个文件或文件夹，则需右击(按一下鼠标右键并快速释放)该文件或文件夹，在弹出的快捷菜单中选择“删除”命令，此时弹出“删除文件夹”对话框，如图 2-8 所示。单击“是”按钮即可永久性删除该文件或文件夹。

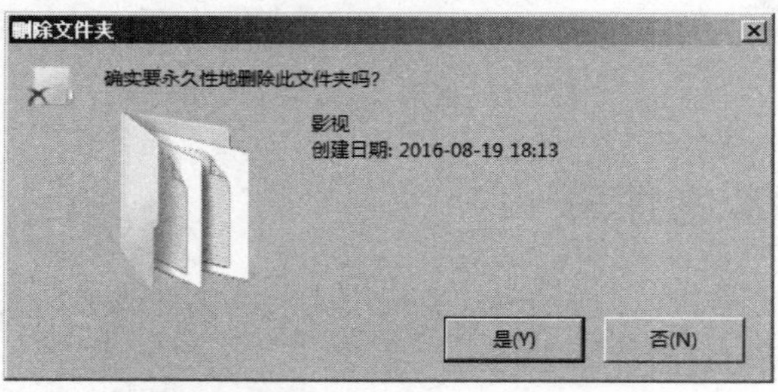

图 2-8 “删除文件夹”对话框

2.2.3 讲解文件的压缩

为了减小文件的字节总数，使文件能够通过互联网连接实现更快的传输，通常采用压缩这种机制进行实现。此外，压缩还可以减小文件的磁盘占用空间。

1. 压缩文件或文件夹

压缩文件或文件夹的操作步骤如下。

(1) 打开文件夹窗口。

(2) 选择需要压缩的单个或多个文件或文件夹。

(3) 右击选中的图标，在弹出的快捷菜单中选择“发送到”→“压缩(zipped)文件夹”命令，压缩文件夹即显示在窗口中，如图 2-9 所示。

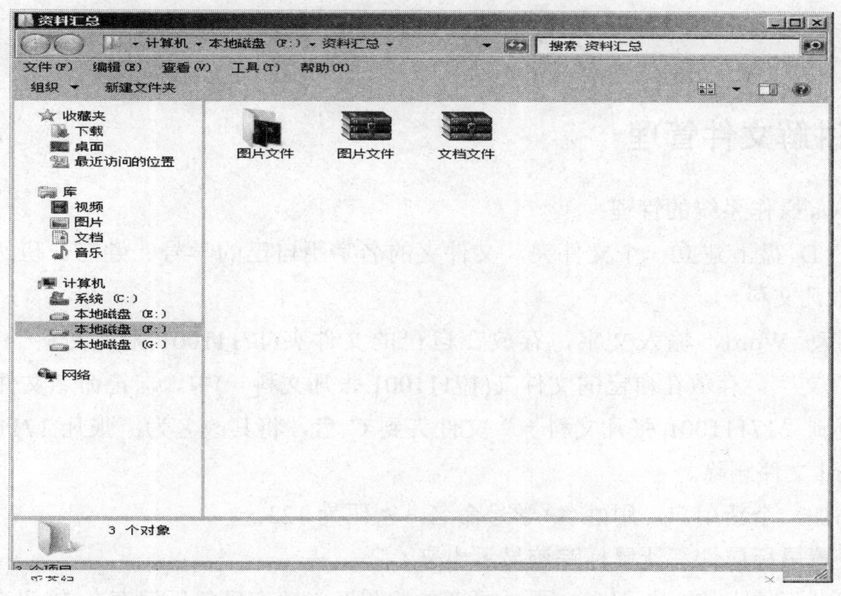

图 2-9 对“图片文件”文件夹进行压缩

2. 压缩文件解压缩

右击压缩文件，在弹出的快捷菜单中选择“解压到当前文件夹”命令，压缩的文件就会在其所在目录出现一个新的文件，如图 2-10 所示。这个文件就是解压出来的文件，但其也有可能不是一个文件，是由多个文件组成的。

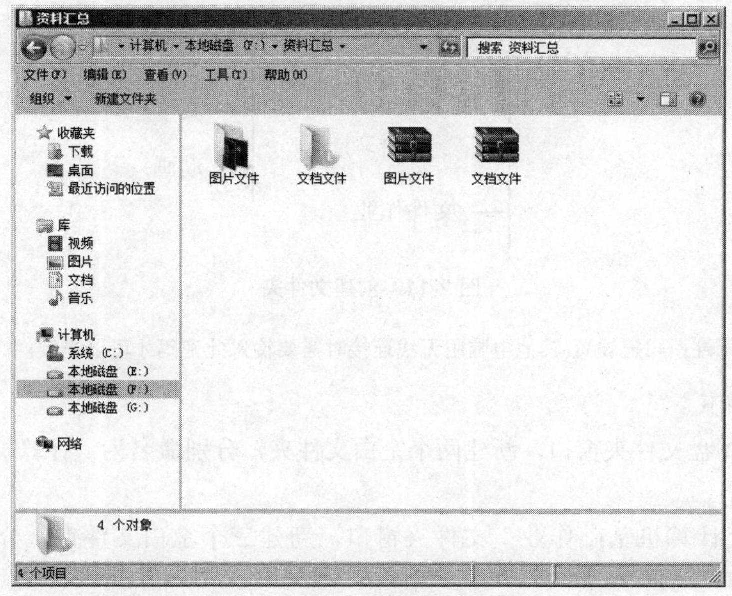

图 2-10 对“文档文件”进行解压缩

2.3 案 例 训 练

2.3.1 讲解文件管理

Windows 操作系统的管理：

(1) 在 D 盘上建立一个文件夹，文件夹的名字用自己的学号、姓名、班级命名，如 17111001 张凡文科一。

(2) 启动 Word，输入文字，存放在自己的文件夹(17111001 张凡文科一)中。启动 Excel，输入文字，存放在自己的文件夹(17111001 张凡文科一)中。自己命名文件。

(3) 复制“17111001 张凡文科一”文件夹到 C 盘，将其改名为：张凡 17111001 文科一，将 Word 文件删除。

(4) 添加一个新用户，用姓名+学号命名，密码为 123。

(5) 设置鼠标属性，让鼠标踪迹显示出来。

(6) 启动附件中的画图程序，画一幅简单的图形，填充颜色后保存在 D 盘存放在自己的文件夹(17111001 张凡文科一)中，自己命名文件。

2.3.2 案例讲解——文件的压缩

创建如图 2-11 所示的文件夹结构，压缩“图片”“文字”和“动画”三个文件夹，并将压缩文件复制到“文件作业”文件夹中。

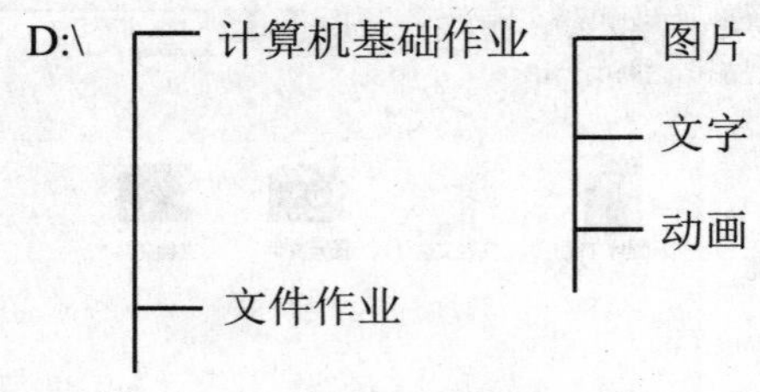

图 2-11 创建文件夹

注：自己设置(其他电脑用无线连接时需要输入此密码才可以连接)

操作步骤如下。

(1) 打开 D 盘文件夹窗口，新建两个空白文件夹，分别命名为“计算机基础作业”和“文件作业”；

(2) 打开“计算机基础作业”文件夹窗口，新建三个空白文件夹，分别命名为“图片”“文字”和“动画”；

(3) 选择“图片”“文字”和“动画”三个文件夹进行压缩；

(4) 复制压缩文件，打开“文件作业”，粘贴压缩文件。

2.3.3　控制面板实训练习

系统设置如下。

(1) 查看本机安装的打印机或传真打印机，双击“打印机和传真”图标。

(2) 在“开始”菜单中打开打印机的设置，安装 AGFA-AccuSet V52.3 的打印机驱动程序，不打印测试页。依次单击“开始”→“打印机和传真”→“添加打印机”→“下一步”→“下一步”按钮(或选项)，选中“AGFA-AccuSet V52.3”，单击“下一步”→“下一步”→“下一步”→“否”→“下一步”按钮。

(3) 在控制面板中将第一个打印机设置为共享打印机，右击第一个打印机图标，在弹出的快捷菜单“共享”→“共享这台打印机”命令，单击“确定”按钮。

(4) 设置第一台打印机，打印方向是横向，右击第一个打印机图标，设置打印首选项为“横向”，单击“确定”按钮。

(5) 安装第一种类型的系统设备：双击“添加硬件”图标，单击“下一步”按钮，单击“下一步”按钮，拖动滚动条到下边→单击“添加新的硬件设备”，单击“下一步”按钮，安装我手动从列表选择的硬件(高级)，单击“下一步”按钮，单击“系统设备”，单击“下一步”按钮，在“型号”处选择第一个，单击“下一步”按钮。

(6) 添加已连接好的第一种显示卡(自选安装程序)，打印机和其他硬件→添加硬件(窗口左侧)→单击“下一步”按钮，拖动滚动条到下边→单击“添加新的硬件设备”，单击“下一步”按钮，安装我手动从列表选择的硬件(高级)，单击“下一步”按钮→单击“显示卡”→单击“下一步”按钮→在“型号”处选择第一个，单击“下一步”按钮。

(7) 创建一个新的受限账户，账户名为“阳光”，用户账户→创建一个新账户→输入“阳光”→单击“下一步”按钮，设为受限→创建账户。

(8) 创建一个新的计算机管理员账户，账户名为 DCH，双击“用户账户”图标→创建一个新账户→输入 DCH，单击“下一步”按钮→计算机管理员→创建账户。

(9) 请利用“打印机和传真”窗口，设置窗口中第三个打印机为脱机打印，右击第三个打印机图标→脱机使用打印机。

(10) 设置用户使用“欢迎屏幕”进行登录，单击“用户账户”，更改用户登录或注销的方式，设置“使用欢迎屏幕”，应用选项。

(11) 更改账户 DCH 的图片为第一行第三种，单击 DCH 账户图标→更改图片→单击第三个图片(足球)→更改图片。

(12) 启用本机中的来宾账户，单击“用户账户”→Guest 来宾账户→启用来宾账户。

(13) 将本机中的“阳光”账户，设置为计算机管理员，单击“阳光”用户图标，更改账户类型，设置为计算机管理员，更改账户类型。

(14) 为本机中的 DCH 账户创建密码，密码为：123456，单击 DCH 账户图标→创建密码，输入一个新密码 123456，再次输入密码以确认 123456，创建密码。

(15) 设置在文件夹中显示常见任务，在菜单栏中选择“工具”→“文件夹选项”命令，选择“在文件夹中显示常见任务”选项，单击“确定”按钮。

(16) 设置浏览文件夹时，在不同窗口中打开不同的文件，并且通过双击打开项目，选择“工具”→“文件夹选项”菜单命令，选择“在不同窗口中打开不同的文件”，通过双击打开项目(单击时选定)，单击“确定”按钮。

(17) 从文件夹类型删除名为 MP3 的文件类型：选择“工具”→“文件夹选项”菜单命令→文件类型→MP3 音频→删除→是。

(18) 新建一个扩展名为 MP 的 JPEG 文件，选择“工具”→“文件夹选项”菜单命令→文件类型→新建→高级→文件扩展名后输入 MP→关联的文件类型(下拉列表选 JPEG 图像)，单击“确定”按钮。

(19) 将文件类型中名为 LX 的文件类型更改为 Word 程序：“工具”→“文件夹选项”→“文件类型”→“单击选中 LX”→“更改”→Microsoft Office Word，单击“确定”按钮。

(20) 从控制面板中，设置使用 Windows 传统风格的文件，双击“我的电脑”，双击“打开控制面板”，切换到分类视图，单击“外观和个性化”→文件夹选项→使用 Windows 传统风格的文件夹，单击“确定”按钮。

(21) 设置鼠标指针指向文件夹和桌面项时显示提示信息，在菜单栏中选择“工具”→“文件夹选项”命令，打开“文件夹选项”对话框，并切换到“查看”选项卡，选中“鼠标指向文件夹和桌面项时显示提示信息”复选框(打上√)，单击“确定”按钮。

(22) 在当前窗口中，设置显示隐藏的文件和文件夹，在菜单栏中选择“工具”→“文件夹选项”命令，打开“文件夹选项”对话框，并切换到“查看选项卡，选择显示所有文件和文件夹”，单击“确定”按钮。

第3章 计算机网络的应用

计算机网络在资源共享和信息交换方面所具有的功能，是其他系统不能替代的。计算机网络化是计算机进入第四个时代的重要标志。本章在内容安排上以基础性和实用性为重点，不仅包括计算机网络基础，还涉及了网络发展前沿的内容。

3.1 实训目的

如今大多数场合都是一条宽带供多台设备使用，所以必须用到路由器，说到路由器，必须得先提到无线路由，在家里不光计算机用得到，手机也需要用，在这里我们来学习如何设置无线路由器。

实训一：家庭无线网的安装

(1) 了解家庭无线网安装所需的软件和硬件。

(2) 掌握家庭无线网安装的方法。

(3) 了解路由器、调制解调器(Modem，俗称猫)、无线路由器的作用。

实训二：设置计算机自动获取 IP 地址和 DNS 服务器地址

(1) 掌握家用路由器的设置。

(2) 掌握家庭无线网安装的方法。

(3) 了解相关设置的属性。

3.2 实训内容

3.2.1 设置家庭无线网

安装家庭无线网的操作步骤如下。

(1) 连接线。无线路由器一般背面有 5 个网线插孔，1 个 WAN 口和 4 个 LAN 口，如图 3-1 所示。WAN 口与 ADSL 调制解调器连接，用网线与调制解调器或光纤接口连接。另外 4 个 LAN 口用来连接计算机，用计算机来设置无线 WiFi。按照图 3-2 来进行连接。

图 3-1 路由器背面

(2) 打开计算机，右击桌面上的“网络”，在弹出的快捷菜单中选择“属性”命令，单击“本地连接”链接，在打开的对话框中单击“属性”按钮。会看到如图 3-3 所示的对话框，单击“属性”按钮。

(3) 弹出另一对话框，如图 3-4 所示，单击 Internet 协议(TCP/IP)后再单击属性。

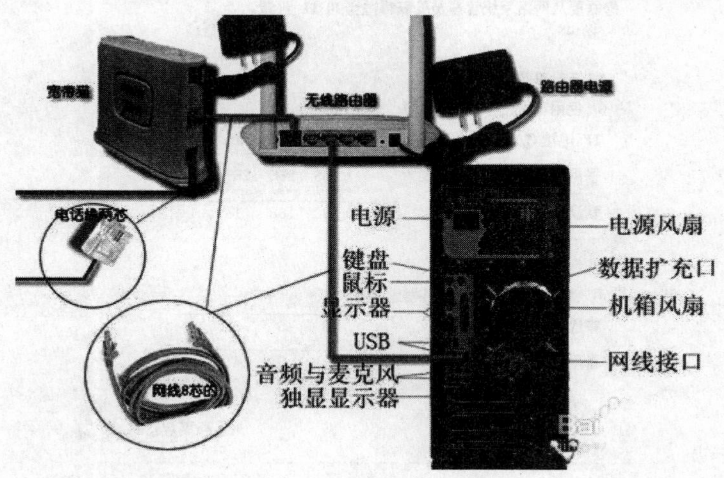

图 3-2　连接图

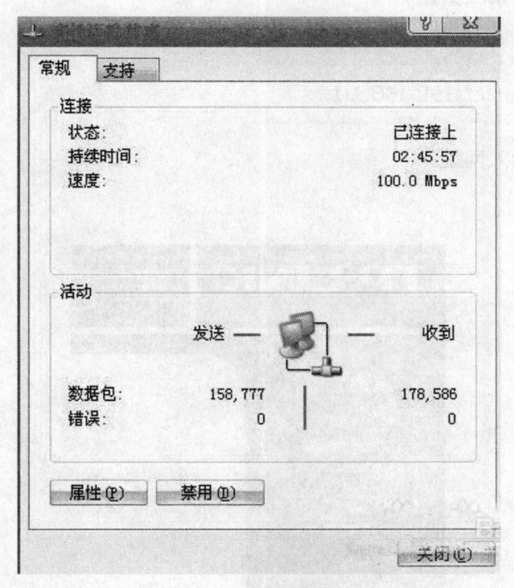

图 3-3　宽带连接状态图

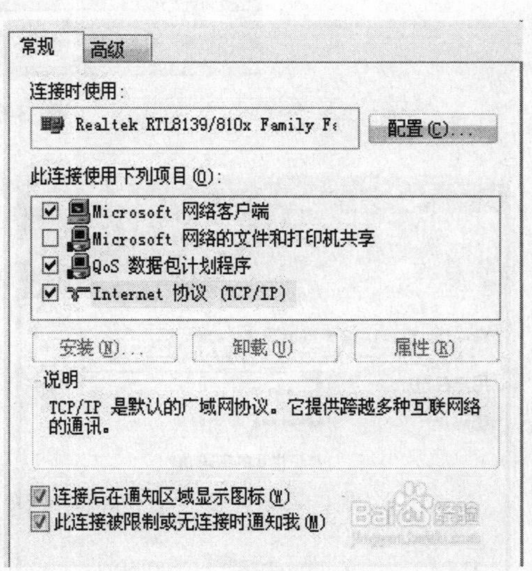

图 3-4　属性对话框内容

(4) 按照图 3-5 输入相应 IP 地址、子网掩码、默认网关、首选 DNS 服务器、备用 DNS 服务器的数据，然后单击“确定”按钮。

(5) 打开浏览器，输入 192.168.1.1 然后按 Enter 键，如图 3-6 所示。

(6) 看到这个对话框，用户名为 admin，密码是 12345678，如图 3-7 所示。

(7) 单击设置向导，在弹出的对话框中选择“设置向导”选项，弹出“设置向导-上网方式”对话框，选中“PPPoE(ADSL 虚拟拨号)”单选按钮，完成上网方式设置，如图 3-8 和图 3-9 所示。

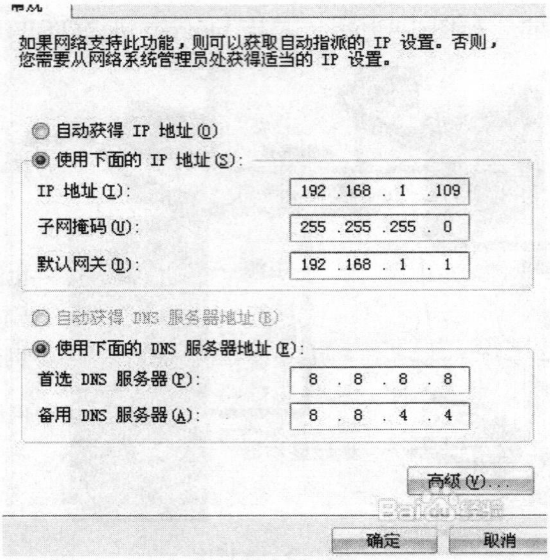

如果网络支持此功能，则可以获取自动指派的 IP 设置。否则，您需要从网络系统管理员处获得适当的 IP 设置。
自动获得 IP 地址(O)
使用下面的 IP 地址(S):
IP 地址(I):
192 .168 . 1 .109
子网掩码(U):
255 .255 .255 . 0
默认网关(D):
192 .168 . 1 . 1
自动获得 DNS 服务器地址(B)
使用下面的 DNS 服务器地址(E):
首选 DNS 服务器(P):
8 . 8 . 8 . 8
备用 DNS 服务器(A):
8 . 8 . 4 . 4
高级(V)...
确定
取消

图 3-5　输入相应数据

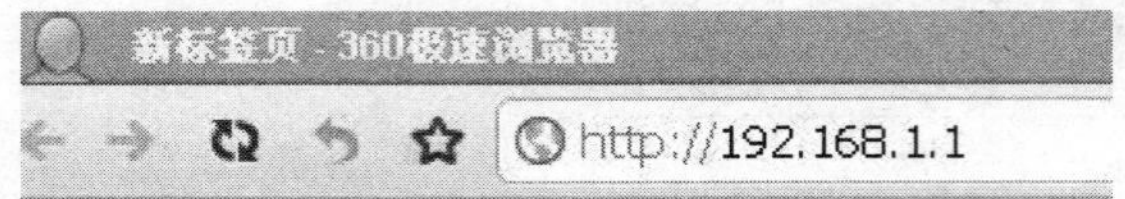

新标签页 - 360极速浏览器
http://192.168.1.1

图 3-6　输入网址

TP-LINK Wireless N Router WR840N
用户名(U):
admin
密码(P):
****
记住我的密码(R)
确定
取消

图 3-7　连接到网址

TP-LINK
运行状态
设置向导
QSS安全设置
网络参数
无线设置
DHCP服务器
转发规则

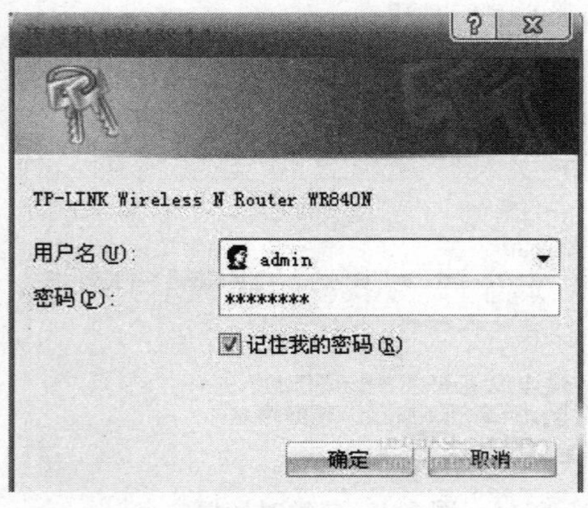

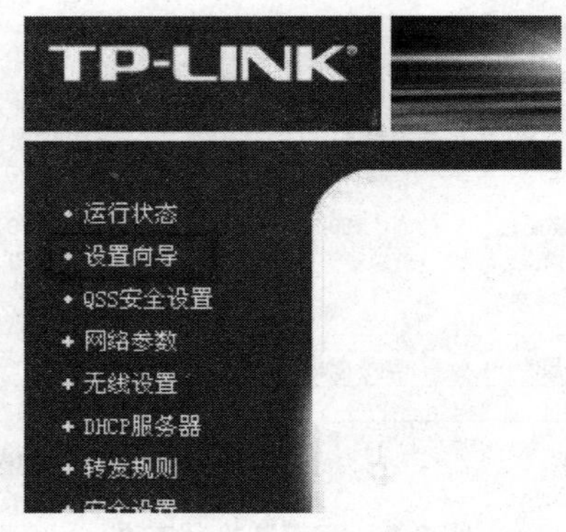

图 3-8　选择设置向导

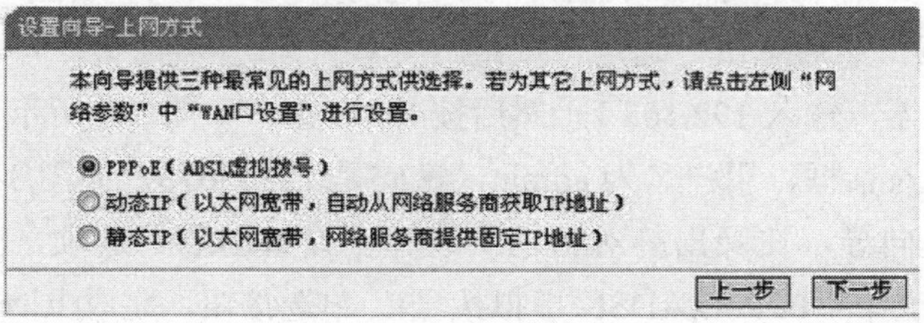

设置向导-上网方式
本向导提供三种最常见的上网方式供选择。若为其它上网方式，请点击左侧“网络参数”中“WAN口设置”进行设置。
PPPoE（ADSL虚拟拨号）
动态IP（以太网宽带，自动从网络服务商获取IP地址）
静态IP（以太网宽带，网络服务商提供固定IP地址）
上一步
下一步

图 3-9　设置完成

(8) 在弹出的对话框中输入上网账号和上网口令(也就是电信给你的宽带用户名和密码)，如图 3-10 所示。

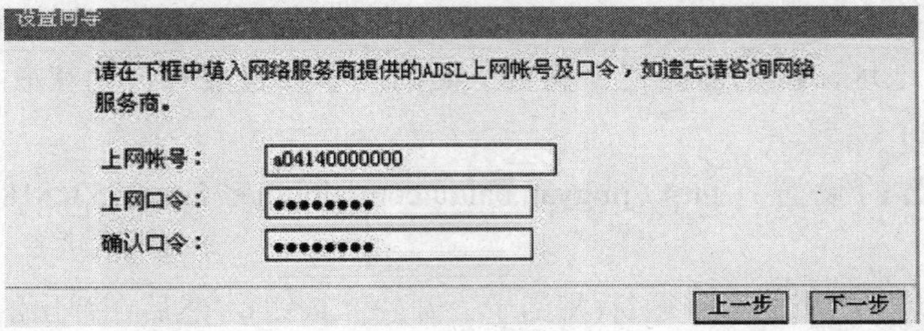

设置向导

请在下框中填入网络服务商提供的ADSL上网帐号及口令，如遗忘请咨询网络服务商。

上网帐号：a04140000000
上网口令：●●●●●●●●
确认口令：●●●●●●●●

上一步　下一步

图 3-10　设置向导

(9) 开始设置无线参数，按图 3-11 设置，无线安全选项可以选 WPA-PSK，PSK 密码自己设置(其他计算机用无线连接时输入此密码才可以连接)，单击“下一步”按钮。

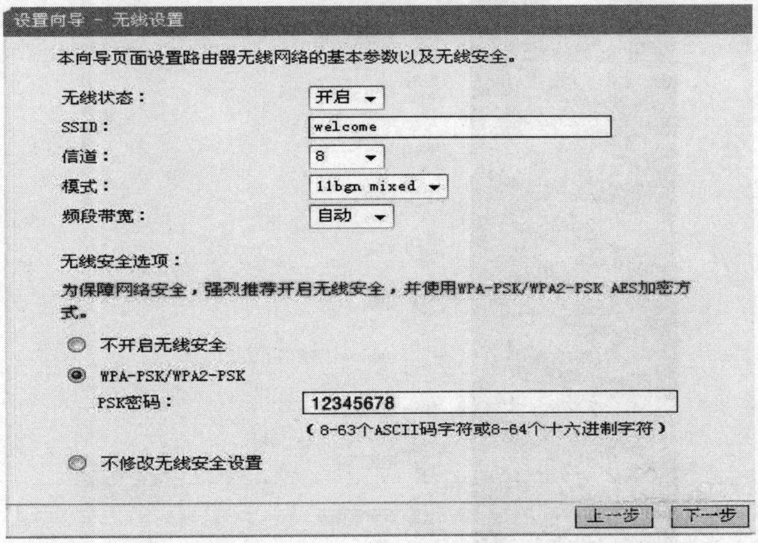

设置向导 - 无线设置

本向导页面设置路由器无线网络的基本参数以及无线安全。

无线状态：开启
SSID：welcome
信道：8
模式：11bgn mixed
频段带宽：自动

无线安全选项：
为保障网络安全，强烈推荐开启无线安全，并使用WPA-PSK/WPA2-PSK AES加密方式。

不开启无线安全
WPA-PSK/WPA2-PSK
PSK密码：12345678
（8-63个ASCII码字符或8-64个十六进制字符）
不修改无线安全设置

上一步　下一步

图 3-11　设置无线参数

(10) 设置完成，如图 3-12 所示。

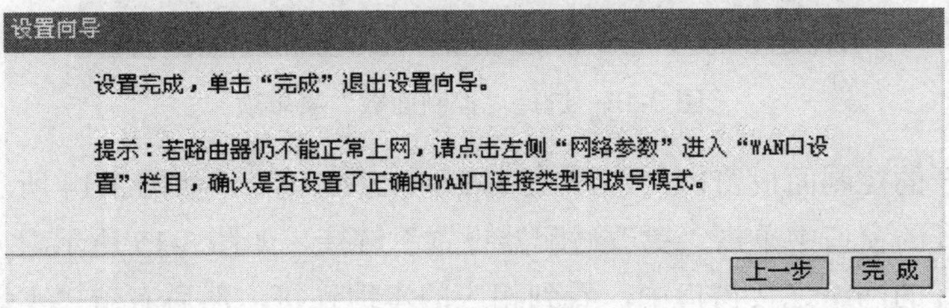

设置向导

设置完成，单击“完成”退出设置向导。

提示：若路由器仍不能正常上网，请点击左侧“网络参数”进入“WAN口设置”栏目，确认是否设置了正确的WAN口连接类型和拨号模式。

上一步　完 成

图 3-12　“设置向导”设置完成

3.2.2 设置计算机自动获取 IP 地址和 DNS 服务器地址

如今的家用路由器，基本都有自动分配 IP 地址的功能。为了使计算机可以自动获取路由器分配的 IP 地址，我们需要把计算机上面的网卡设置成“自动获取 IP 地址”。(以 Windows 10 为例)

家用路由器的设置：http://jingyan.baidu.com/album/e75aca8553c818142fdac675.html?picindex=8

(1) 单击下方的 Windows 徽标(相当于“开始”按钮)，然后在弹出的菜单中选择“控制面板”菜单项，如图 3-13 所示。

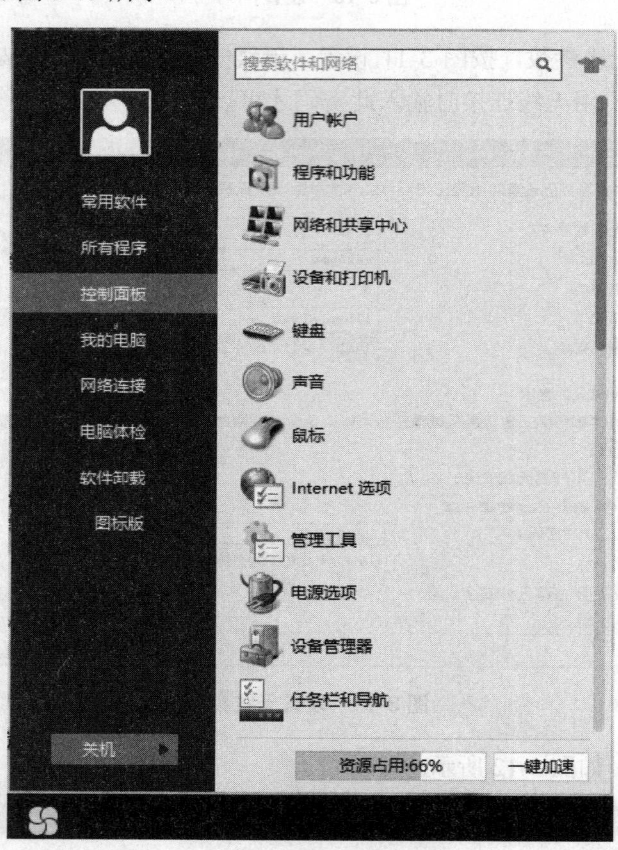

图 3-13 选择“控制面板”菜单项

(2) 在打开的控制面板窗口，选择“网络和共享中心”，如图 3-14 所示。

(3) 在打开的窗口中单击“更改适配器设置”链接，如图 3-15 所示。

(4) 在打开的网络连接窗口中，看到相应的本地连接，然后右击“本地连接”链接，在弹出的快捷菜单中选择“属性”命令，如图 3-16 所示。

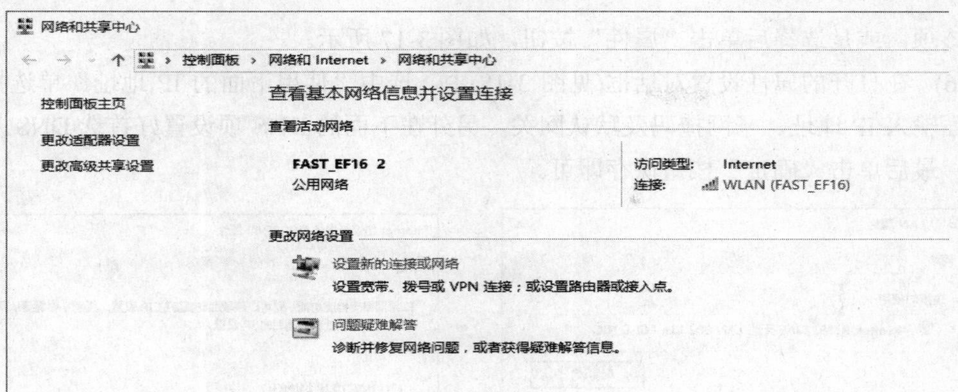

图 3-14　网路和共享中心界面

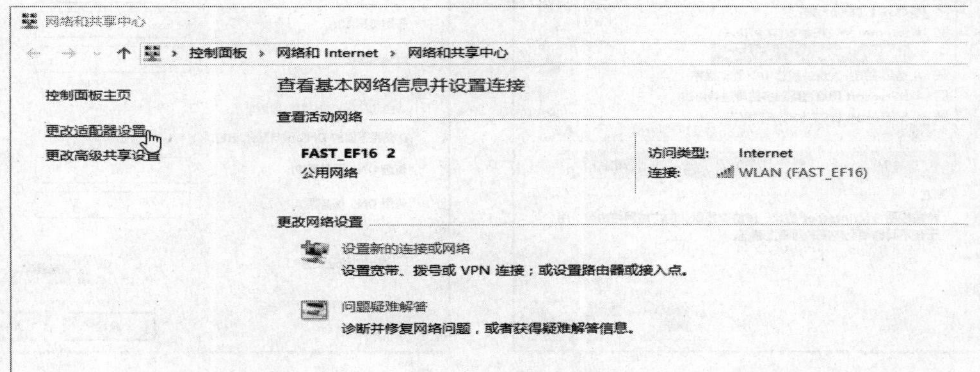

图 3-15　选择更改适配器

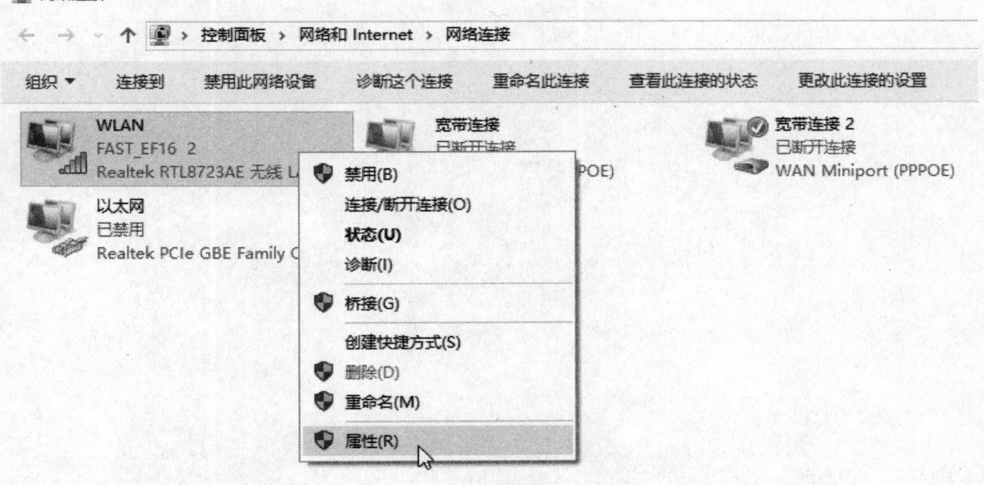

图 3-16　网络连接

(5)　在打开的本地连接属性对话框中，找到“Internet 协议版本 4(TCP/IPv4)”选项，双击该项，或是选择后单击“属性”按钮，如图 3-17 所示。

(6) 在打开的属性设置对话框(见图 3-18)中，选中“使用下面的 IP 地址”单选按钮，在下面输入 IP 地址、子网掩码及默认网关，另外在下面的 DNS 项设置好首选 DNS 及备选 DNS，最后单击“确定”按钮保存即可。

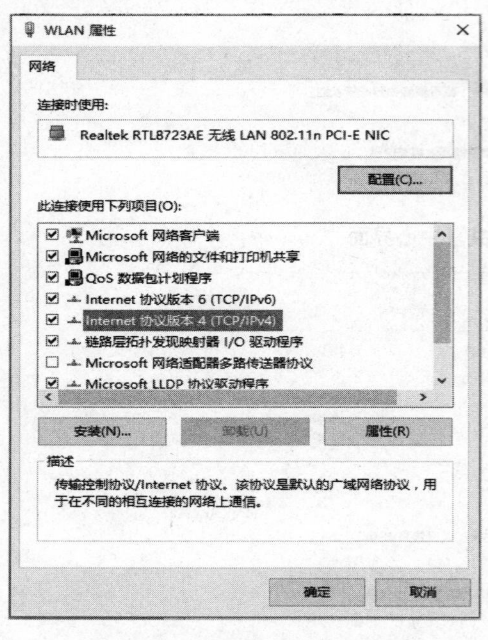

图 3-17　设置 WLAN 属性

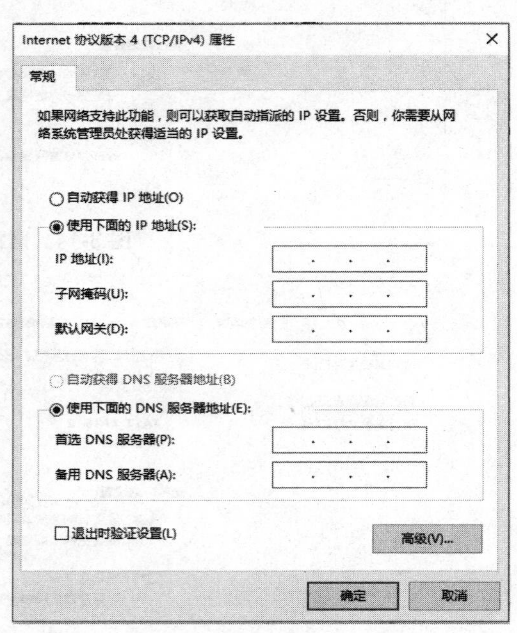

图 3-18　属性设置对话框

第 4 章 Word 2010 文字处理软件

Word 是使用最为广泛的中文文字处理软件之一，它集成了文字编辑、表格制作、图文混排、文档审阅等多种功能。本章主要介绍 Word 的基本操作、格式排版、表格制作、图文混排、文档打印等基本知识。

4.1 实 训 目 的

Word 是使用最广泛的中文文字处理软件之一，用它可以方便地进行文本输入、编辑和排版等，实现段落的格式化处理、版面设计和模板套用，生成规范的办公文档和可印刷的出版物等。

实训一：Word 2010 目录的生成和排版

掌握目录的生成。

(1) 掌握 Word 2010 文字的复制、移动、剪切、替换、查找的方法。

(2) 掌握设置目录的方法。

(3) 掌握分节处理的方法。

(4) 掌握插入页眉、页脚的方法。

(5) 掌握插入表格行、列或单元格与删除、清除单元格的方法。

(6) 掌握设置表格的边框与底纹的方法。

(7) 掌握 Word 2010 结构图的画法。

(8) 掌握 Word 2010 的打印标题的设置。

实训二：文字、图片、分栏等图文混排

掌握文字、图片、分栏等图文混排的方法。

(1) 掌握设置文字的大小、颜色、艺术字等。

(2) 掌握剪切画的插入方法。

(3) 掌握文字分栏。

(4) 掌握图片和文字的混合排版。

(5) 掌握页码的插入等。

4.2 实 训 内 容

案例：Word 2010 目录的生成和排版

有一篇文章内容如下：

第 1 章　绪论

1.1　系统开发背景

人力资源管理是一门新兴的集管理科学、信息科学、系统科学及计算机科学为一体的综合性学科，在诸多的企业竞争要素中，人力资源已逐渐成为企业最主要的资源，现代企业的竞争也越来越直接反映为人才战略的竞争。在此背景下，现代企业为适应快速变化的市场，需要更加灵活、快速反应的，具有决策功能的人力资源管理平台和解决方案。

1.2　研究目标和意义

开发和使用人力资源管理系统可以给企业带来以下好处：可以提高人力资源管理的效率；可以优化整个资源管理业务流程；可以为员工创造一个更加公平、合理的工作环境。

第 2 章　系统设计相关原理

2.1　技术准备

1. Hibernate

Hibernate 是一个开放源代码的对象关系映射框架，它对 JDBC 进行了非常轻量级别的对象封装，使得 Java 程序员可以随心所欲地使用对象编程思维来操作数据库。

2. Struts

Struts 是最早作为 Apache Jakarta 项目的组成部分，项目的创立者希望通过对项目的研究，改进和提高 Java Server Pages、Servlet 标签库及面向对象的技术水准。

2.2　JSP

JSP(Java Server Pages)是由 Sun 公司倡导创建的一种新动态网页技术标准。

2.3　SQL Server

SQL Server 是目前最流行的关系数据库管理系统之一。

第 3 章　系统分析

3.1　需求分析

需求分析部分包括任务概述、总体目标、遵循原则运行、环境功能需求等。

3.2　可行性分析

可行性分析部分从经济可行性、技术可行性两个方面进行分析。

第 4 章　系统总体设计

4.1　系统功能结构设计

人力资源管理系统由人事管理、招聘管理、培训管理、薪金管理、奖惩管理五部分组成。

4.2　数据库规划与设计

本系统采用 SQL Server 2008 数据库数据系统，数据库名为人力资源管理，包括培训信息表、奖惩表、应聘信息表、薪金表、用户表，数据表。其中奖惩表结构见下表。

奖惩表结构

字 段 名	数据类型	长　度	是否主键	描　述
ID	int	4	是	数据库流水号
Name	varchar	2000	否	奖惩名称
Reason	varchar	50	否	奖惩原因
Explain	varchar	50	否	描述
Createtime	datetime	8	否	创建时间

第 5 章　系统详细设计与实现

5.1　用户登录模块

用户登录模块是用户进入主页面的入口，流程图下图所示。

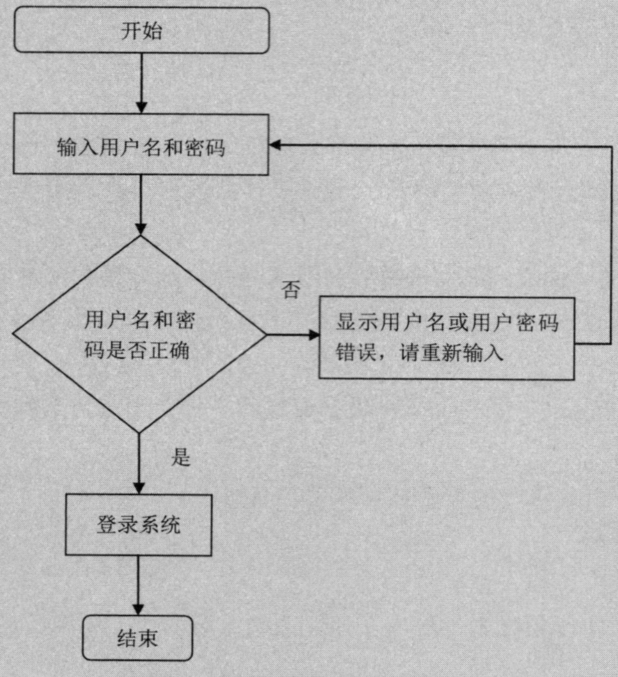

用户主页面的入口流程图

5.2　人员管理模块

人员管理模块主要包括浏览、添加、修改和删除人员信息。

5.3　招聘人员管理模块

招聘人员管理模块主要包括应聘人员信息的查看、删除及信息入库。

5.4　培训管理模块

培训管理模块主要包括制订培训计划、删除信息和填写培训总结。

5.5　奖惩管理模块

奖惩管理模块主要包括输入奖惩详细信息、修改和删除奖惩信息。

5.6　薪金管理模块

薪金管理模块主要包括薪金信息的登记、删除和查询。

为统计分析薪金可以采用标准偏差函数，它反映了数值相对于平均值的离散程度。

第 6 章　总结与展望

6.1　总结

本系统以 JSP 为开发工具，依托于 SQL Server 2008 数据库，实现功能齐全，能基本满足企业对人力资源规划的需要，且操作简单，界面友好。

6.2　展望

当然本系统也存在一定的不足之处，如在薪金管理中，安全措施考虑得不是很周到，存在一定的风险性，有待进一步完善。

4.2.1　正文排版要求

1. 章节格式

1)　章名格式

章名使用样式“标题 1”，居中显示。

编号格式为“第 X 章”，其中 X 为自动排序。

2)　小节格式

小节名使用样式“标题 2”，左对齐。

编号格式为多级符号“X.Y”，X 为章序号，Y 为节序号，如 1.1。

2. 新建样式

样式名：“样式”+“1234”。

字体：中文字体为“楷体”，西文字体为“Times New Roman”，字号为“小四”。

段落：首行缩进 2 字符，段前 0.5 行，段后 0.5 行，行距 1.5 倍。

其余格式：默认设置，并将样式应用到正文中无编号的文字。

注意：不包括章名、小节名、表文字、表和图的题注。

3. 自动编号

对出现“1.”，“2. ”，…处，进行自动编号，编号格式不变。

对出现“(1)”，“(2)”，…处，进行自动编号，编号格式不变。

4. 插入脚注

为正文文字(不包括标题)中首次出现“人力资源管理系统”的地方插入脚注，添加文字“Human Resource Management System，HRMS”。

5. 添加表名

对正文中的表添加题注“表”，位于表上方，居中。

编号为“章序号”-“表在章中的序号”(如第一章中第一张表的题注编号为 1-1)。

表的说明使用表上一行的文字，格式同表标号。

表居中。

6. 交叉引用

对正文中出现“如下表所示”的“下表”，使用交叉引用，改为“如表 X-Y 所示”，其中“X-Y”为表题注中的编号。

对正文中出现“如下图所示”的“下图”，使用交叉引用，改为“如图 X-Y 所示”，其中“X-Y”为图题注中的编号。

7. 添加图名

对正文中的图添加题注“图”，位于图下方，居中。要求：编号为“章序号”-“图在章中的序号”(如第一章中的第 2 幅图的题注编号为 1-2)；图的说明使用图下一行的文字，格式同图标号；居中。

8. 分节处理

对正文进行分节处理，每章为单独一节。

9. 形成目录

在正文前按序插入节，使用引用中的目录功能，生成如下内容。

(1) 第 1 节：目录。

“目录”使用样式“标题 1”，居中显示。

“目录”下为目录项。

(2) 第 2 节：表目录。

“表目录”使用样式“标题 1”，居中显示。

“表目录”下为表目录项。

(3) 第 3 节：图目录。

“图目录”使用样式“标题 1”，居中显示。

“图目录”下为图目录项。

10. 添加页脚

使用域，在页脚中插入页码，居中显示。

(1) 正文前的节，页码采用“i，ii，iii，…”格式，页码连续，居中对齐。

(2) 正文中的节，页码采用“1，2，3，…”格式，页码连续，居中对齐。

更新目录、表目录和图目录。

11. 添加页眉

使用域，按以下要求添加内容，居中显示。

(1) 对于奇数页，页眉中的文字为“章序号”+“章名”。

(2) 对于偶数页，页眉中的文字为“节序号”+“节名”。

4.2.2 操作步骤

下面介绍实现以上要求的具体操作步骤。

1. 设置章节格式的操作步骤

(1) 设置章名、小节名使用的编号。将光标置于第一章标题文字前，单击“开始”选项卡的“段落组”中的“多级列表”下拉按钮，在下拉菜单中选择“定义新的多级列表”命令，打开“定义新多级列表”对话框，单击左下角的“更多” 按钮。

在“定义新多级列表”对话框中进行相应设置。在“单击要修改的级别”列表框中选择级别“1”，在“输入编号的格式”文本框中输入“第 1 章”(“1”编号样式决定，在“1”前输入“第”，在“1”后输入“章”)，在“将级别链接到样式”下拉列表框中选择“标题 1”，如图 4-1 所示，标题 1 编号设置完毕。

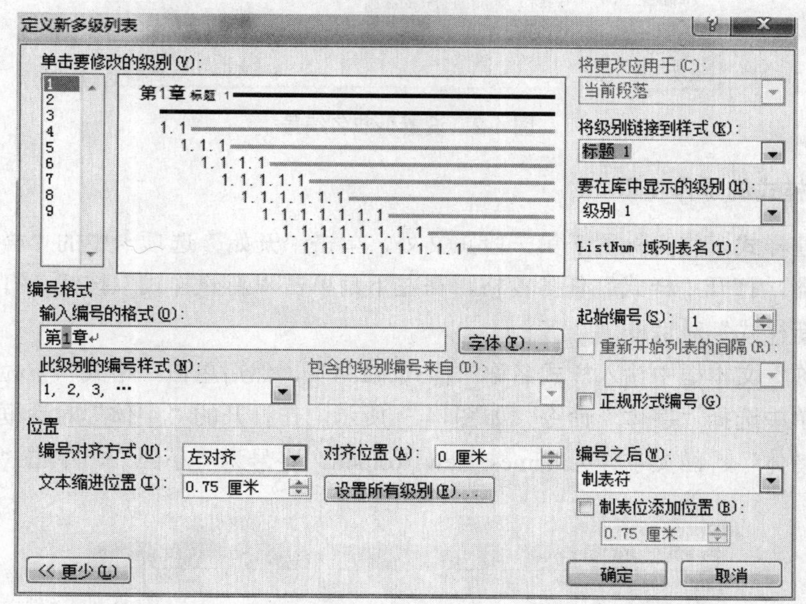

图 4-1　设置章号编号

继续在“定义新多级列表”对话框中操作。在“单击要修改的级别”列表框中选择级别“2”，在“输入编号的格式”文本框中输入“1.1”，在“将级别链接到样式”下拉列表框中选择“标题 2”，在“要在库中显示的级别”下拉列表框中选择“级别 2”，如图 4-2 所示，标题 2 编号设置完毕，最后单击“确定”按钮。

(2) 设置各章标题格式。首先要选中各章标题(Ctrl+单击各章标题)，单击“开始”选项卡中的“样式”组中的样式库中的“第 1 章标题 1”，再单击“段落”组中的“居中”按钮，各章标题设置完毕(注意删除各章标题中的原有编号“第二章，第三章，……”)。

(3) 设置各小节标题格式。首先选中各小节标题(Ctrl+单击各小节标题)，单击“开始”选项卡中的“样式”组中的样式库中的“1.1 标题 2”，再单击“段落”组中的“编号”下拉按钮，直到设置成所需格式。各小节标题设置完毕。

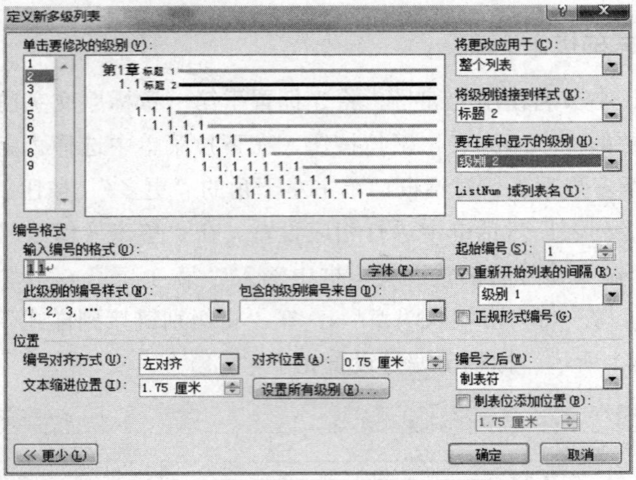

图 4-2　设置小节名编号

2. 新建样式的操作步骤

(1) 新建样式。将光标置于第一段正文处，单击“开始”选项卡中的“样式”组中的对话框启动器，打开“样式”任务窗格，在左下角单击“新建样式”按钮，打开“根据格式设置创建新样式”对话框。

在“名称”文本框中输入样式名称“样式 1234”，然后单击“格式”下拉按钮，在弹出的下拉菜单中选择“字体”命令，如图 4-3 所示，在打开的“字体”对话框中设置：中文字体为“楷体”，西文字体为 Times New Roman，字号为“小四”，单击“确定”按钮返回。

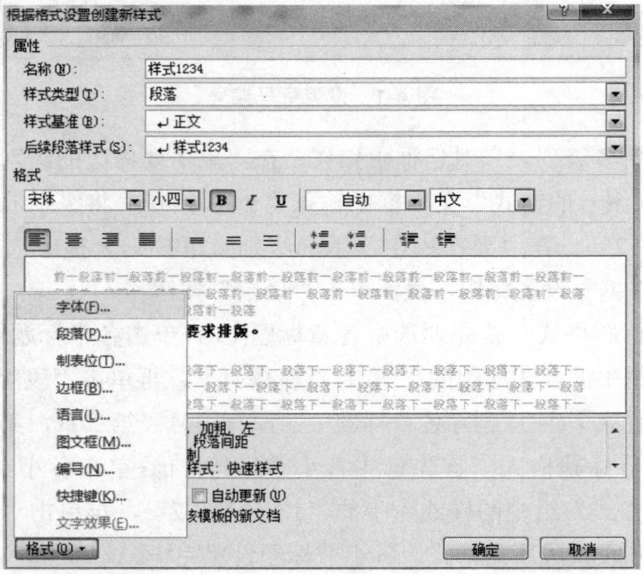

图 4-3　新建样式

(2) 继续单击“格式”下拉按钮，在弹出的下拉菜单中选择“段落”命令，在打开的“段落”对话框中设置：首行缩进 2 字符，段前 0.5 行，段后 0.5 行，1.5 倍行距，单击“确定”按钮返回。

其余格式不要改动，在“根据格式设置创建新样式”对话框中选中“自动更新”复选框，单击“确定”按钮结束。可以看到，在“样式”任务窗格及“样式”组中的样式库中均增加了一项“样式 1234”。

(3) 样式应用。将光标依次置于各段正文中(不包括章名、小节名、表文字、表和图的题注)，然后单击“开始”选项卡中的“样式”组中的样式库中的“样式 1234”即可快速设置所有正文样式。

3. 自动编号的操作步骤

(1) 逐次选中或将光标置于“1. ”，“2. ”，…处(若连续可同时选中)，单击“开始”选项卡的“段落”组中的编号下拉按钮即可。

(2) 对“1)”，“2)”，…处，进行自动编号格式设置的方法同上。

4. 插入脚注的操作步骤

(1) 查找正文首次出现“人力资源管理系统”的地方，将光标置于文档开始处，单击“开始”选项卡的“编辑”组中的“查找”按钮，打开“导航”任务窗格，在文本框中输入“人力资源管理系统”后按 Enter 键，查找结果如图 4-4 所示。

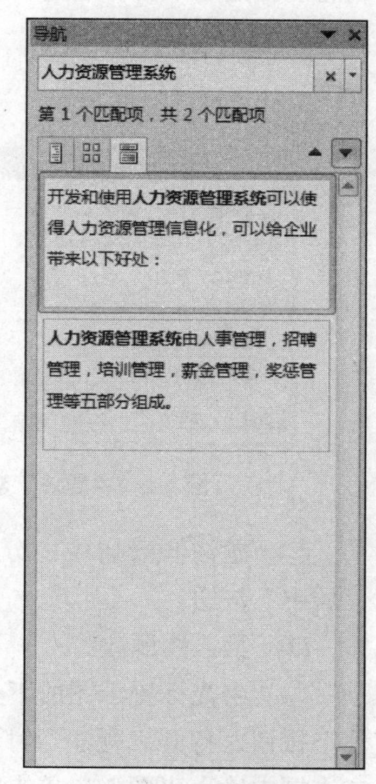

图 4-4　查找结果

(2) 将光标置于找到的“人力资源管理系统”文字后，单击“引用”选项卡的“脚注”组中的“插入脚注”按钮，光标自动跳转到插入脚注文本的当前页面底部，输入注释文字“Human Resource Management System，HRMS”。插入脚注的文字后会自动添加注释，并引用标记，且本页底部有相应的注释文字。

5. 插入题注的操作步骤

题注通常是对文章中表格、图片或图形、公式或方程等对象的下方或上方添加的带编号的注释说明。生成题注编号的前提是必须将标题中的章节符号转变成自动编号。

(1) 将光标置于表的上方文字前，单击“引用”选项卡中的“题注”组中的“插入题注”按钮，打开“题注”对话框，如图 4-5 所示。

(2) 插入表题注。

① 单击“新建标签”按钮，打开“新建标签”对话框，在文本框中输入“表”，单

击“确定”按钮返回“题注”对话框。在“选项”栏中的“标签”下拉列表框中选择“表”，单击“编号”按钮，打开“题注编号”对话框，选中“包含章节号”复选框，单击“确定”按钮返回。然后单击“自动插入题注”按钮，打开“自动插入题注”对话框，在“插入时添加题注”列表框中选中“Microsoft Word 表格”复选框，在“使用标签”下拉列表框中选择“表格”，在“位置”下拉列表框中选择“项目上方”，如图 4-6 所示，单击“确定”按钮。如果表格文字前没有插入题注，再次单击“引用”选项卡中的“题注”组中的“插入题注”按钮，在“选项”栏中的“标签”下拉列表框中选择“表”，确认题注正确后单击“确定”按钮。

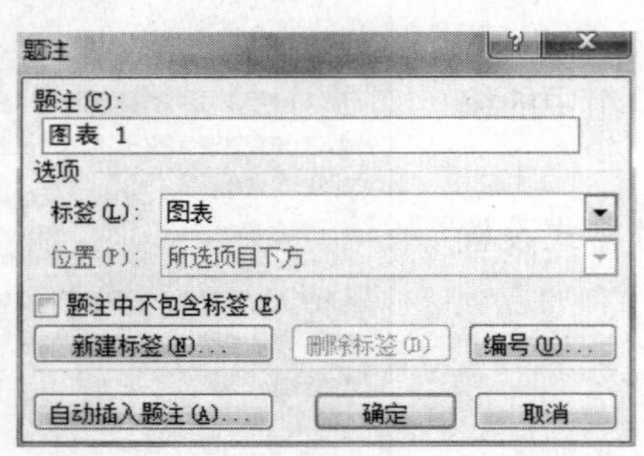

图 4-5 “题注”对话框

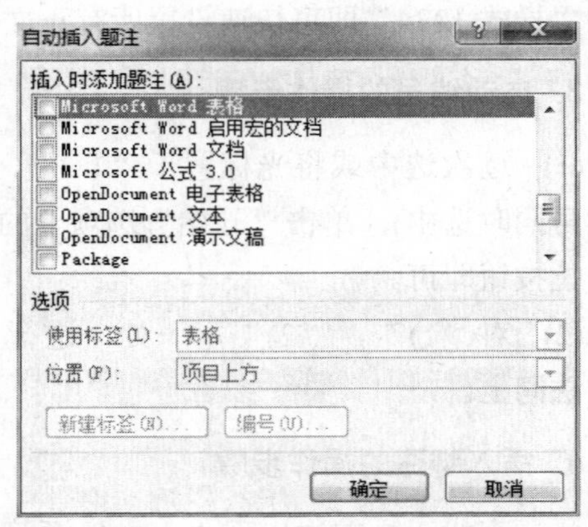

图 4-6 “自动插入题注”对话框

② 题注和表居中：分别选中题注和表，单击“开始”选项卡中的“段落”组中的“居中”按钮。

(3) 插入图题注。

① 将光标置于图的下方文字前，单击“引用”选项卡中的“题注”组中的“插入题注”按钮，打开“题注”对话框。单击“新建标签”按钮，打开“新建标签”对话框，在文本框中输入“图”，单击“确定”按钮，返回“题注”对话框。在“选项”栏中的“标签”下拉列表框中选择“图”，单击“编号”按钮，打开“题注编号”对话框，选中“包含章节号”复选框，单击“确定”按钮，返回“题注”对话框，再单击“确定”按钮。如果“图”文字之前没有插入题注，可以再次单击“引用”选项卡中的“题注”组中的“插入题注”按钮，在“选项”选项组中的“标签”下拉列表框中选择“图”，确认题注正确后，单击“确定”按钮。为其他图片插入题注很简单，选中图片后，单击鼠标右键，在快捷菜单中选择“插入题注”命令，在打开的“题注”对话框中直接单击“确定”按钮。如果需要在编号后再加一些说明文字，可以在“题注”对话框的“题注”文本框中的题注编号后直接输入说明文字。

② 分别选中题注和图，单击“开始”选项卡的“段落”组中的“居中”按钮。

6. 交叉引用的操作步骤

(1) 对正文中出现“如下表所示”的“下表”，使用交叉引用。

前提：必须对该表用插入题注的方法生成表的题注编号。

准备：查找和移动到文档中第一处“如下表所示”，并选中“下表”两字。

操作步骤如下。

① 单击“引用”选项卡的“题注”组中的“交叉引用”按钮，打开“交叉引用”对话框。

② 在“交叉引用”对话框的“引用类型”下拉列表框中选择“表”，在“引用内容”下拉列表框中选择“只有标签和编号”，然后单击“插入”按钮。移动光标到下一处“如下表所示”，并选中“下表”两字。重复②中的操作，直到全部插入完毕。

(2) 对正文中出现“如下图所示”的“下图”，使用交叉引用。

前提：必须对该图用插入题注的方法生成图的题注编号。

准备：查找和移动到文档中第一处“如下图所示”，并选中“下图”两字。

操作步骤如下。

① 单击“引用”选项卡的“题注”组中的“交叉引用”按钮，打开“交叉引用”对话框。

② 在“交叉引用”对话框中的“引用类型”下拉列表框中选择“图”，在“引用内容”下拉列表框中选择“只有标签和编号”，如图 4-7 所示，然后单击“插入”按钮，即完成第一处插入。移动光标到下一处“如下图所示”，并且选中“下图”两字，重复②的操作，直到全部插入完毕。

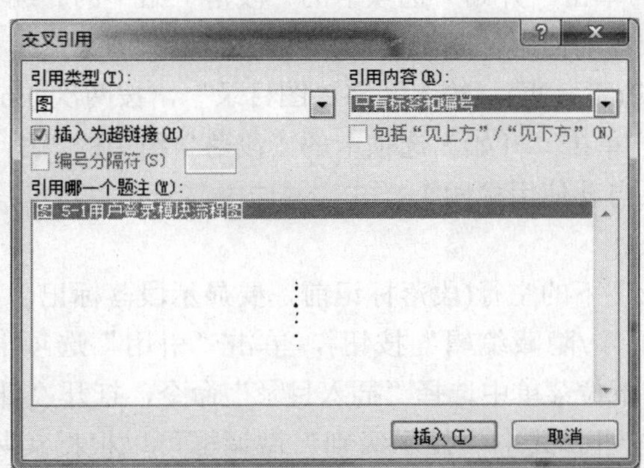

图 4-7 “交叉引用”对话框

7. 分节处理的操作步骤

节是文档版面设计的最小有效单位，可以以节为单位设置页边距、纸型和方向、页眉和页脚、页码、脚注和尾注等多种格式类型。

Word 将新建的整篇文档默认为一节，划分为多节主要是通过“页面布局”选项卡的

“页面设置”组中的“分隔符”下拉按钮来实现的。设置后在草稿图下可以用删除字符的方法删除分节符。

分节符的类型共有 4 种：下一节(新节从下一页开始)、连续(新节从同一页开始)、偶数页(新节从下一个偶数页开始)、奇数页(新节从下一个奇数页开始)。

操作步骤如下。

将光标置于文字“第 2 章”后(文字“系统设计相关原理”前)，单击“页面布局”选项卡的“页面设置”组中的“分隔符”下拉按钮，在下拉菜单的“分节符”区中选择“下一页”命令。重复上述操作，直到每章都分节完毕为止。

8. 生成目录的操作步骤

目录的生成是排版的重要环节，下面就来详细介绍目录的排版。

(1) 在文档最前面插入 3 节。

① 单击“草稿”按钮，打开草稿视图模式。

② 用光标选中“第 1 章”文字，单击“页面布局”选项卡的“页面设置”组中的“分隔符”下拉按钮，在下拉菜单中的“分节符”区中选择“下一页”命令，重复上述操作，再插入两个“下一页”分节符。

(2) 设定标题样式。

单击第 1 个分节符(下一页)，输入文字“目录”，按两次 Enter 键(目的是在目录文字下产生一个空行)。单击“开始”选项卡的“段落”组中的“编号”按钮，取消目录前的自动编号。目录是自动使用标题 1 样式，并居中显示。

单击第 2 个分节符(下一页)，输入文字“表目录”，按两次 Enter 键(目的是在图目录文字下产生一个空行)。单击“开始”选项卡的“段落”组中的“编号”按钮，取消表目录前的自动编号。表目录自动使用标题 1 样式，并居中显示。

单击第 3 个分节符(下一页)，输入文字“图目录”，按两次 Enter 键(目的是在图目录文字下产生一个空行)。单击“开始”选项卡的“段落”组中的“编号”按钮，取消图目录前的自动编号。图目录自动使用标题 1 样式，并居中显示。

(3) 创建文档目录。

将光标置于“目录”下的空行(段落标记前，要显示段落标记，可单击“开始”选项卡的“段落”组中的“显示/隐藏编辑”按钮)，单击“引用”选项卡中的“目录”组中的“目录”下拉按钮，在下拉菜单中选择“插入目录”命令，打开“目录”对话框，如图 4-8 所示，单击“确定”按钮。其中“显示级别”微调框可以根据实际需要设定，这里不需要改动。

(4) 创建表目录。

将光标置于“表目录”下的空行，单击“引用”选项卡的“题注”组中的“插入表目录”按钮，打开“图表目录”对话框，如图 4-9 所示，单击“确定”按钮。

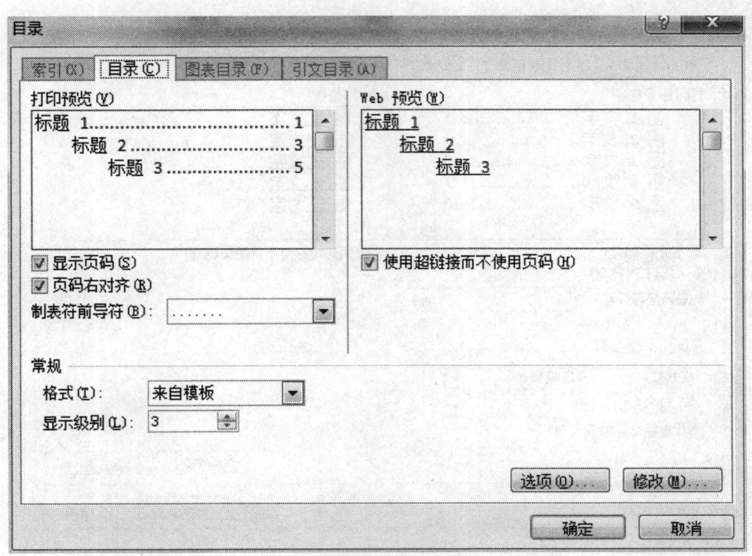

图 4-8　创建文档目录

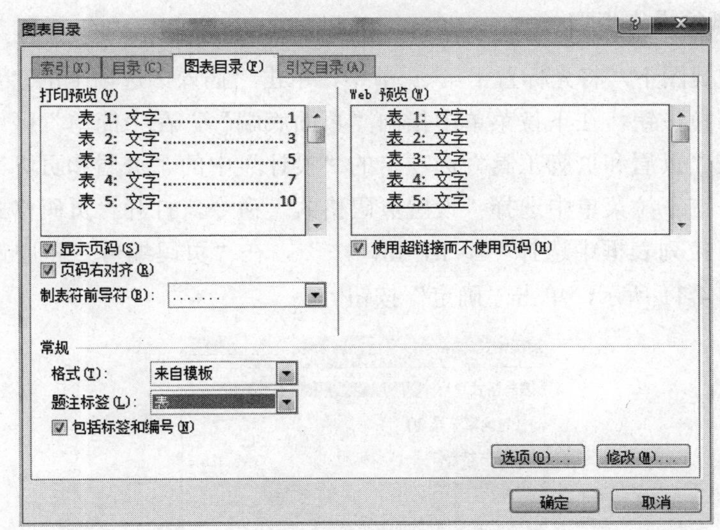

图 4-9　创建表目录

(5) 创建图目录。

将光标置于“图目录”下的空行，单击“引用”选项卡的“题注”组中的“插入表目录”按钮，打开“图表目录”对话框，在“题注标签”下拉列表框中选择“图”，如图 4-10 所示，单击“确定”按钮。

从创建的 3 种目录可以看出，自动生成的目录都带有灰色的域底纹，都是域。当标题和页码发生变化时，与题注和交叉引用一样，目录也可以用更新域的方式更新。即在生成的目录区中右击，在快捷菜单中选择“更新域”命令，在打开的“更新目录”对话框中选中“只更新页码”或“更新整个目录”单选按钮，单击“确定”按钮就可以完成目录的更新。

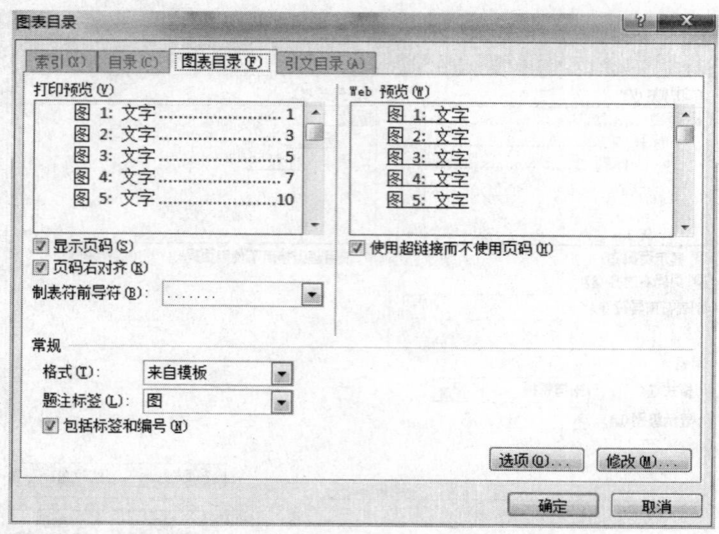

图 4-10　创建图目录

9. 添加页脚的操作步骤

(1) 在页面视图下，将光标置于第 1 节中，单击“插入”选项卡的“页眉和页脚”组中的“页码”下拉按钮，在下拉菜单中指向“页面底端”，在“简单”区中选择“普通数字 2”。接着在“页眉和页脚工具”选项卡的“设计”中的“页眉和页脚”组中单击“页码”下拉按钮，在下拉菜单中选择“设置页码格式”命令，打开“页码格式”对话框。在“编号格式”下拉列表框中选择“i，ii，iii，…”，在“页码编号”栏中选中“续前节”单选按钮，如图 4-11 所示，单击“确定”按钮。

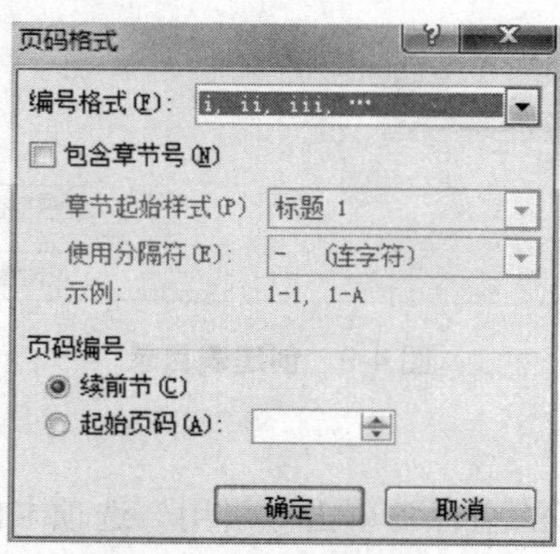

图 4-11　设置目录页码格式

(2) 单击选中第 2 节页面底端页码，在“页眉和页脚工具”选项卡中的“设计”中的“页眉和页脚”组中单击“页码”下拉按钮，在下拉菜单中选择“设置页码格式”命令，打开“页码格式”对话框。在“编号格式”下拉列表框中选择“i，ii，iii，…”，在“页码编号”栏中选中“续前节”单选按钮，单击“确定”按钮。

单击选中第 3 节页面底端页码，重复上述步骤，直到正文前各节设置完毕为止。

单击选中第 4 节页面底端页码(位于第 1 章首页)，在“页眉和页脚工具”选项卡中的“设计”中的“页眉和页脚”组中单击“页码”下拉按钮，在下拉菜单中选择“设置页码格式”命令，打开“页码格式”对话框。在“编号格式”下拉列表框中选择“1，2，3，…”，在“页码编号”栏中选中“起始页码”单选按钮，如图 4-12 所示，单击“确定”按钮。最后在“页眉和页脚工具”选项卡中的“设计”中的“关闭”组中单击“关闭页眉和页脚”按钮。

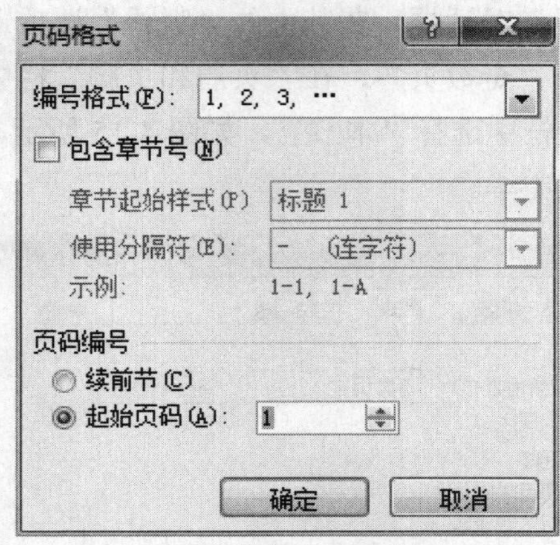

图 4-12　设置正文页码格式

(3) 更新目录。拖动鼠标选中“目录”“表目录”和“图目录”各节，单击鼠标右键，在弹出的快捷菜单中选择“更新域”命令，相继弹出“更新目录”对话框(见图 4-13)和“更新图表目录”对话框(见图 4-14)，直接单击“确定”按钮。

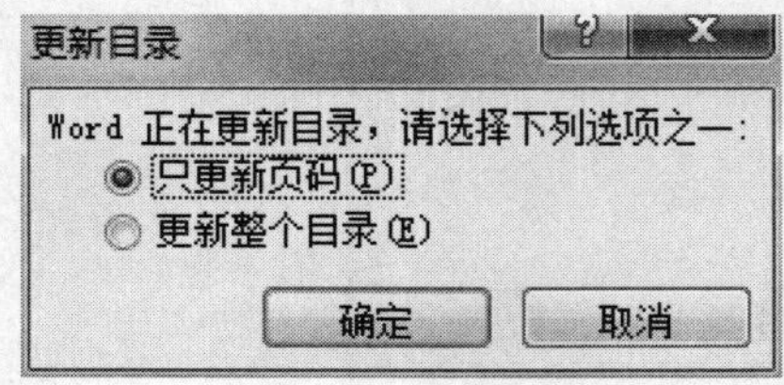

图 4-13　“更新目录”对话框

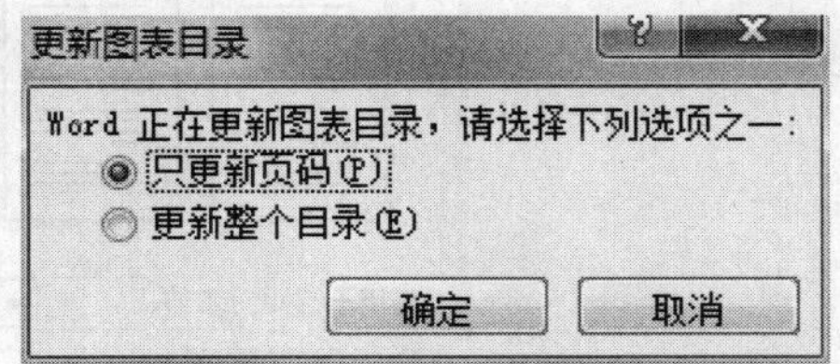

图 4-14　“更新图表目录”对话框

10. 添加页眉的操作步骤

在前面的应用中多处出现了域，如自动添加的章节编号和名称、题注的引用、页脚中的页码、自动创建的目录等这些在文档中可能发生变化的数据都是域。

域由三部分组成：域名、域参数和域开关。域名是关键字；域参数是对域的进一步说明；域开关是特殊命令，用来引发特定操作。

常用的域有 Page 域(插入当前页的页码)、Num Page 域(插入文档中的总页数)、Toc 域(建立并插入目录)、Style Ref 域(插入具有样式的文本)和 Merge Field 域(插入合并域，在邮

件合并中使用)等。

使用域时，通常单击“插入”选项卡中的“文本”组中的“文档部件”下拉按钮，在下拉菜单中选择“域”命令，打开“域”对话框操作。

域插入后，指向域并单击鼠标右键，可以在快捷菜单中选择相应命令进行编辑域、更新域、删除域等操作。操作步骤如下。

1) 页面设置

将光标置于第 1 章所在节中，单击“页面布局”选项卡中的“页面设置”组中的对话框启动器，打开“页面设置”对话框，在其中的“版式”选项卡中进行设置。在“节的起始位置”下拉列表框中选择“奇数页”，在“页眉和页脚”栏中选中“奇偶页不同”复选框，在“应用于”下拉列表框中选择“本节”，如图 4-15 所示，单击“确定”按钮。重复上述步骤，直到每章都设置完毕。

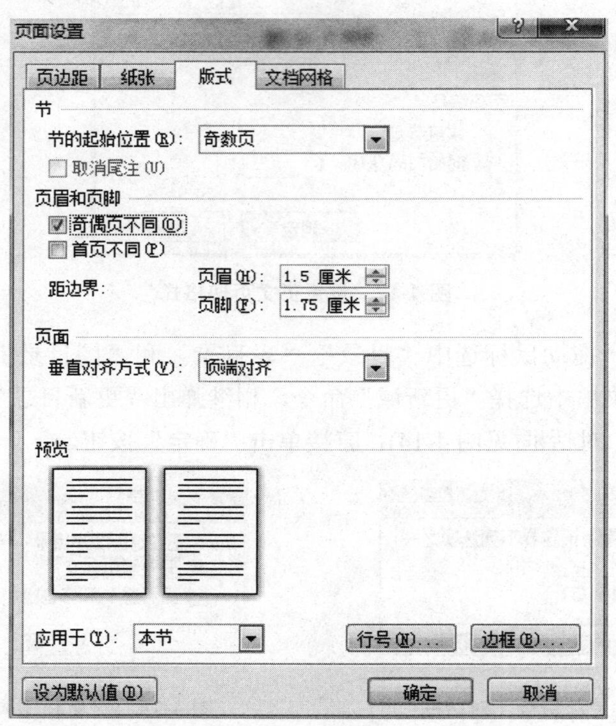

图 4-15 “页面设置”对话框

2) 创建奇数页页眉。

(1) 双击第 1 章中所在的页眉区域，光标将自动置于奇数页页眉处，并且自动出现“页眉和页脚工具”选项卡，如图 4-16 所示。单击“导航”组中的“链接到前一条页眉”按钮，使得页眉处“与上一节相同”取消，使本节设置的奇数页页眉不影响前面各节奇数页页眉的设置。

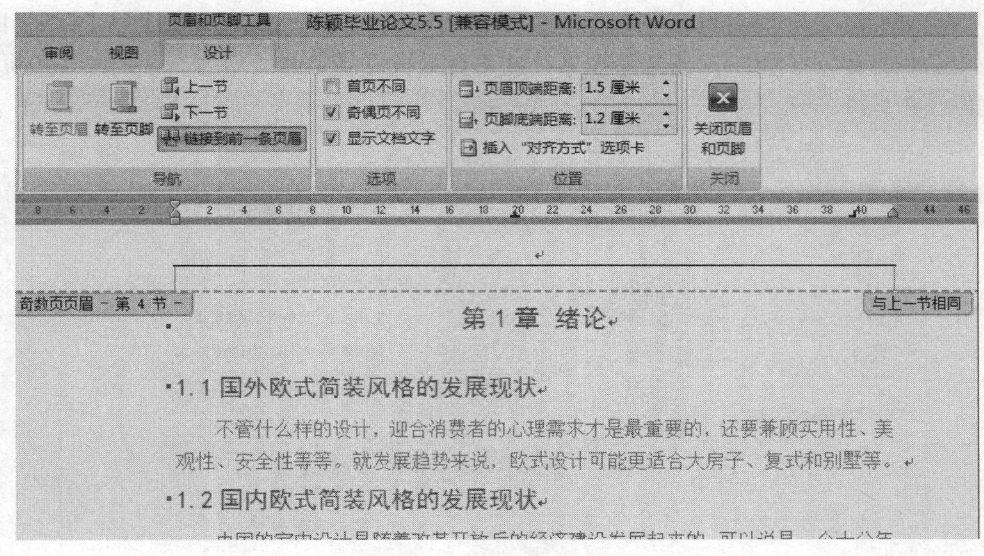

图 4-16　创建奇数页页眉

(2) 将光标置于奇数页页眉处，单击“插入”选项卡中的“文本”组中的“文档部件”下拉按钮，在弹出的下拉菜单中选择“域”命令，打开“域”对话框。在“类别”下拉列表框中选择“链接和引用”，在“域名”列表框中选择 StyleRef 选项，在“样式名”列表框中选择“标题 1”，在“域选项”栏中选中“插入段落编号”复选框，如图 4-17 所示，单击“确定”按钮，插入奇数页页眉中的“章序号”。

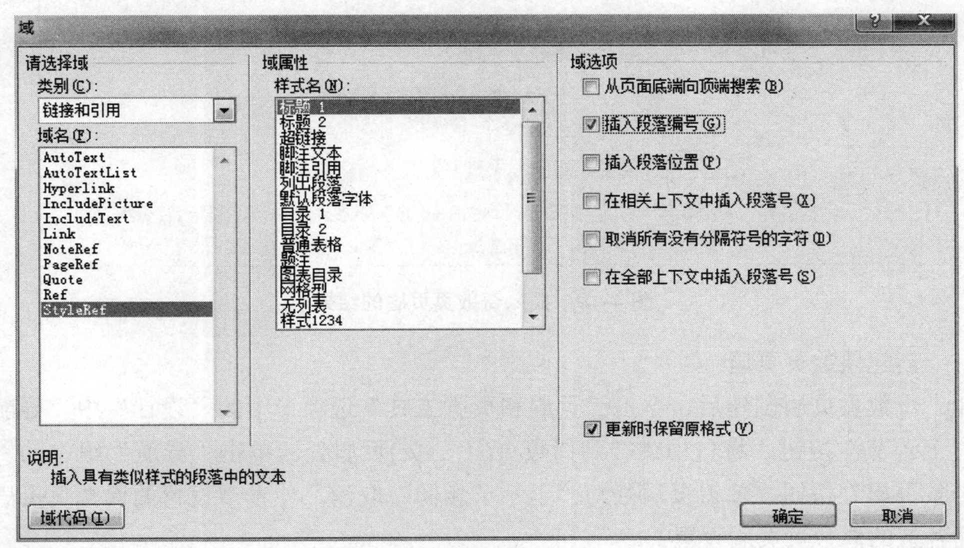

图 4-17　插入奇数页页眉中的“章序号”

(3) 继续单击“插入”选项卡中的“文本”组中的“文档部件”下拉按钮，在下拉菜单中选择“域”命令，打开“域”对话框。在“类别”下拉列表框中选择“链接和引用”，在“域名”列表框中选择 StyleRef 选项，在“样式名”列表框中选择“标题 1”选项，如图 4-18 所示，单击“确定”按钮，插入奇数页页眉中的“章名”。插入奇数页页眉的结果如图 4-19 所示。

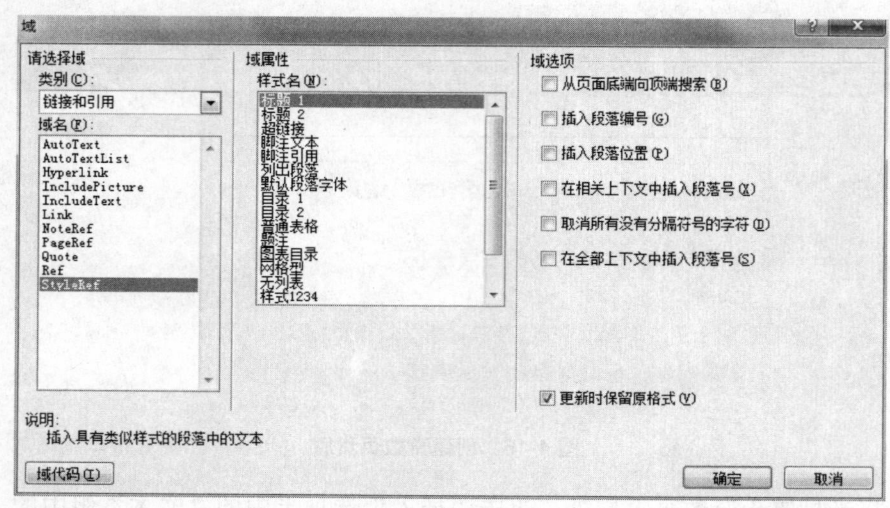

图 4-18　插入奇数页页眉中的“章名”

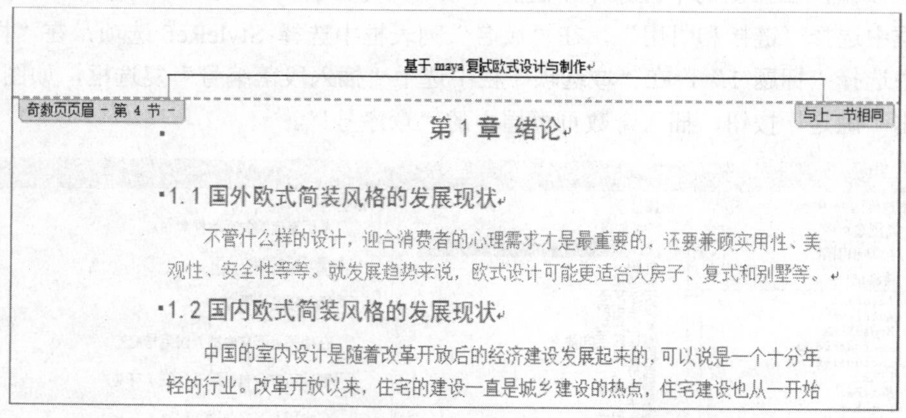

图 4-19　插入奇数页页眉的结果

3)　创建偶数页页眉

(1)　奇数页页眉创建后，单击“页眉和页脚工具”选项卡中的“设计”中“导航”组中的“下一节”按钮，将自动跳转到偶数页(下一页)页眉处。单击“导航”组中的“链接到前一条页眉”按钮，使得页眉处与“上一节相同”取消。使本节设置的偶数页页眉不影响前面各节的偶数页页眉设置。

(2)　将光标置于偶数页页眉处，单击“插入”选项卡中的“文本”组中的“文档部件”下拉按钮，在弹出的下拉菜单中选择“域”命令，打开“域”对话框。在“类别”下拉列表框中选择“链接和引用”，在“域名”列表框中选择 StyleRef 选项，在“样式名”

列表框中选择“标题 2”，在“域选项”栏中选中“插入段落编号”复选框，单击“确定”按钮，插入偶数页页眉中的“节序号”。

(3) 继续单击“插入”选项卡中的“文本”组中的“文档部件”下拉按钮，在下拉菜单中选择“域”命令，打开“域”对话框，在“类别”下拉列表框中选择“链接和引用”选项，在“域名”列表框中选择 StyleRef 选项，在“样式名”列表框中选择“标题 2”选项，单击“确定”按钮，插入偶数页页眉的“节名”。最后在“页脚和页眉工具”选项卡中的“设计”中的“关闭”组中单击“关闭页眉和页脚”按钮。

设置完毕后浏览文档，从开始到结尾检查所有设置是否正确。为了快速浏览，可以把视图切换到其他方式。在“视图”选项卡的“显示”组中选中“导航窗格”复选框，窗口左边出现“导航”任务窗格显示标题，右边显示所有内容。这样能快速地在各章节中跳转修改。

4.3 实 训 练 习

4.3.1 排版要求

将以下素材(见下页)按要求排版。排版要求如下。

(1) 给文章添加标题“计算机语言”，将标题设为楷体、二号、加粗、红色、居中、浅绿 1.5 磅细线边框、加红色双实线下划线。

(2) 将第一段字体设为华文行楷、三号，将第一段中所有的“文件”二字加粗，字体为蓝色。将第二段的“字符”二字加拼音，对齐方式为 0-1-0，偏移 2 磅，字号为 10 号。

(3) 在正文第一段开始插入一张饼形扇面的剪贴画，将环绕方式设置为“四周型”，左对齐。剪贴画高度为 2 厘米，宽度为 2 厘米。填充为：纯色填充→深蓝，透明度为 60%。

(4) 第二段分为三栏，第一栏宽为 3 厘米，第二栏宽为 4 厘米，栏间距均为 0.75 厘米，栏间加分隔线。第二段填充灰色-15%底纹。底纹填充：页面布局→页面边距→边框和底纹→底纹→填充。

(5) 将正文文字复制成 4 段，第三、四段所有的格式均清除，只保留文字内容。

(6) 将第三段引用明显参考样式，段前 2 行，段后 1.5 行，将第三段文字的第一句话的文本效果设为填充，白色，渐变轮廓，强调文字颜色 1。将第二句话的第一个字设为带圈字符，样式为圆圈，增大圈号。

(7) 将第四段的前 5 个字加上拼音，最后一句话采用双行合并效果，并添加-15%的灰色底纹。

(8) 在第三段和第四段之间添加艺术字，内容为“计算机基础训练题”，艺术字样式为：渐变填充，蓝色，强调文字 1，轮廓，白色；将艺术字形状样式设为：细微效果，红

色，强调颜色 2；将艺术字文本效果设为倾斜右上，棱台为十字形；环绕方式为四周型。

(9) 每段段前 1 行，段后 1 行，第四段行间距为 30 磅。

(10) 为文章添加一个传统型页眉，内容为考试，居中，日期为系统当前日期，日期格式为：字体黑体，红色。页眉顶端距离为 3 厘米。

(11) 为文章插入一个堆积型封面，标题为 Word 2010 练习题，副标题为 12013 班练习题，作者为自己的姓名。将封面的布局设为居中，标题采用标题样式，副标题采用副标题样式。

(12) 将第四段中的“资料”二字添加一个批注，内容为“软件的概念”(请各位同学输入软件的解释)。

(13) 将第四段中所有的“段落”二字转换为繁体字，然后利用“字数统计”统计出全文共有多少字符，将结果放置文章最后。

4.3.2 素材

计算机语言(computer language)指用于人与计算机之间通信的语言，是人与计算机之间传递信息的媒介。计算机系统最大的特征是指令通过一种语言文件传达给机器，为了使电子计算机进行各种工作，就需要有一套用以编写计算机程序的数字、字符和语法规划，由这些字符和语法规则组成计算机各种指令(或各种语句)，这些就是计算机能接受的语言。计算机语言的概念比通用的编程语言要更广泛，例如，HTML 是置标语言，也是计算机语言，但并不是编程语言。20 世纪 40 年代，当计算机刚刚问世的时候，程序员必须手动控制计算机。当时的计算机十分昂贵，唯一想到利用程序设计语言文件来解决问题的人是德国工程师楚泽(Konrad Zu se)。不久后，计算机的价格大幅度下跌，而计算机程序也越来越复杂。也就是说，开发时间已经远比运行时间来得宝贵。于是，新的集成、可视的开发环境越来越流行。它们减少了所付出的时间、金钱(以及脑细胞)。只要轻敲几个键，一整段代码就可以使用了。这也得益于可以重用的程序代码库。随着 C、Pascal、Fortran 等结构化高级语言的诞生，使程序员可以离开机器层次，在更抽象的层次上表达意图。由此诞生的三种重要控制结构以及一些基本数据类型都能够很好地开始让程序员以接近问题本质的方式去思考和描述问题。随着程序规模的不断扩大，在 20 世纪 60 年代末期出现了软件危机，在当时的程序设计模型中都无法克服错误随着代码的扩大而级数般的扩大，以致到了无法控制的地步，这个时候就出现了一种新的思考程序设计方式和程序设计模型——面向对象程序设计，由此也诞生了一批支持此技术的程序设计语言，比如 Eiffel、C++、Java，这些语言都以新的观点去看待问题，即问题就是由各种不同属性的对象以及对象之间的消息资料传递构成。面向对象语言由此必须支持新的程序设计技术，例如：数据隐藏，数据抽象，用户定义类型，继承，多态等。

如今通用的编程语言有两种形式：汇编语言和高级语言。汇编语言和机器语言实质是相同的，都是直接对硬件进行操作，只不过指令采用了英文缩写的标识符，容易识别和记

忆。源程序经汇编生成的可执行文件不仅比较小，而且执行速度很快。

高级语言是绝大多数编程者的选择。和汇编语言相比，它不但将许多相关的机器指令合成为单条指令，并且去掉了与具体操作有关但与完成工作无关的细节，引用明显参考样式，例如使用堆栈、寄存器等，这样就大大简化了程序中的指令。同时，由于省略了很多细节，编程者也就不需要有太多的专业知识。

高级语言主要是相对于低级语言而言，它并不是特指某一种具体的语言资料，而是包括了很多编程语言，如流行的 VB、VC、FoxPro、Delphi 等，这些语言的语法、命令格式都各不相同。

高级语言所编制的程序不能直接被计算机识别，必须经过转换才能被执行，按转换方式可将它们分为两类：解释类和编译类。

第 5 章 Excel 2010 电子表格

本章具体介绍 Excel 2010 的基础知识、Excel 表格的设置、Excel 工作表一般命令的使用、工作表的编辑与美化、函数与公式的使用、数据图表的建立以及数据的运算与分析。

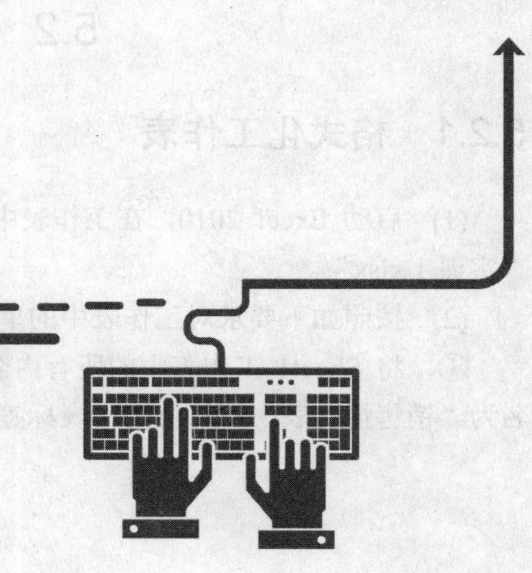

5.1 实训目的

Excel 的中文含义就是“超越”。确切地说，它是一个用来计算的电子表格软件，很多时候用来制作电子表格，它能完成很多复杂的运算，进行后期数据的分析和前期的预测，并且具有强大的制作图表的功能；它已成为国内外广大用户管理公司和个人财务、统计数据、绘制各种专业化表格的得力助手。

实训一：格式化工作表

表格掌握命令如下。

(1) 掌握单元格的复制、移动，插入行、列或单元格与删除、清除单元格的方法。

(2) 掌握设置单元格格式的方法。

(3) 掌握改变行高与列宽的方法。

(4) 掌握设置单元格的边框与底纹的方法。

(5) 掌握使用条件格式的方法。

(6) 掌握自动套用格式的方法。

(7) 掌握工作表的选择、重命名、插入、复制、移动与删除的方法。

(8) 掌握工作表的打印标题的设置。

实训二：数据管理与分析

掌握函数、公式如下。

(1) 掌握公式与函数运算。

(2) 掌握数据排序方法。

(3) 掌握数据筛选的方法。

(4) 掌握分类汇总的方法。

(5) 掌握数据透视表的简单运用。

5.2 实训内容

5.2.1 格式化工作表

(1) 启动 Excel 2010，在工作表中输入如图 5-1 中的数据，保存工作簿，并重命名为“实训 1.xlsx”。

(2) 按照如下要求对工作表中的单元格进行设置，最后结果如图 5-2 所示。

① 将 Sheet1 工作表中的所有内容复制到 Sheet2 工作表中，并将 Sheet2 工作表重命名为“销售情况表”；将此工作表标签的颜色设置为标准色中的“橙色”。

② 将标题行下方插入一个空行，并设置行高为 10。

③ 在“郑州”一行移至“商丘”一行的上方，删除第 G 列。

④ 在“销售情况表”工作表中，将单元格区域 A1:F1 合并后居中，字体设置为华文仿宋、20 磅、加粗，并将标题行填充天蓝色底纹。

⑤ 将单元格区域 A4:F4 的字体设置为华文行楷、14 磅、“白色，背景 1”，文本对齐方式为居中，为其填充红色水平条纹。

⑥ 将单元格区域 A5:F10 的字体设置为华文细黑、12 磅、文本对齐方式为居中，并为其填充玫瑰红细垂直条纹。

⑦ 在“销售情况表”工作表中，为 C7 单元格插入批注“该季度没有进入市场”。

⑧ 在“销售情况表”第八行的上方插入分页符。

⑨ 设置表格的标题行为顶端打印标题，打印区域为单元格区域 A1:F10，设置完成后进行打印预览。

⑩ 保存工作簿，并重命名为“实训 1 格式化后.xlsx”。

	A	B	C	D	E	F	G
1	利达公司2018年度各地市销售情况表（万元）						
2							
3	城市	第一季度	第二季度	第三季度	第四季度	合计	销售最多季度
4	商丘	126	148	283	384	941	第四季度
5	郑州	266	368	486	468	1588	第三季度
6	漯河	0	88	276	456	820	第四季度
7	南阳	234	186	208	246	874	第四季度
8	新乡	186	288	302	568	1344	第四季度
9	安阳	98	102	108	96	404	第三季度

图 5-1　利达公司 2018 年度各地市销售情况表

	A	B	C	D	E	F
1–3	利达公司2018年度各地市销售情况表（万元）					
4	[illegible]	[illegible]	[illegible]	[illegible]	[illegible]	[illegible]
5	郑州	266	368	486	468	1588
6	商丘	126	148	283	384	941
7	漯河	0	88	276	456	820
8	南阳	234	186	208	246	874
9	新乡	186	288	302	568	1344
10	安阳	98	102	108	96	404

图 5-2　格式化后的表格

5.2.2　数据管理与分析

(1) 启动 Excel，打开工作簿，在 Sheet1 中建立如图 5-3 所示的工作表，重命名为“实训 2.xlsx”，并将 Sheet1 中的工作表分别复制到 Sheet2、Sheet3、Sheet4、Sheet5 中。

(2) 按照如下要求对工作簿中的单元格进行设置。

① 在 Sheet1 工作表中查找出所有数值 88，并将其全部替换为 80。

A	B	C	D	E	F	G
复兴中学高一成绩表						
姓名	班级	语文	英语	数学	物理	总分
李平	高一（一）	82	92	68	90	332
懂麦	高一（一）	72	88	88	87	335
曾红	高一（一）	98	80	94	56	328
蔡小凤	高一（一）	66	78	86	88	318
刘雅丽	高一（一）	75	75	75	36	261
陈西苑	高一（一）	36	72	74	78	260
刘晓丽	高一（一）	85	60	66	81	292
吴峰	高一（一）	45	44	80	75	244
李平	高一（一）	81	58	68	53	260

图 5-3　复兴中学高一成绩表

② 在 Sheet1 工作表中，运用函数公式统计出各班的“总分”，并计算“各科平均分”，结果如图 5-4 所示。

复兴中学高一成绩表						
姓名	班级	语文	英语	数学	物理	总分
李平	高一（一）	82	92	68	90	332
懂麦	高一（一）	72	80	80	87	319
曾红	高一（一）	98	80	94	56	328
蔡小凤	高一（一）	66	78	86	80	310
刘雅丽	高一（一）	75	75	75	36	261
陈西苑	高一（一）	36	72	74	78	260
刘晓丽	高一（一）	85	60	66	81	292
吴峰	高一（一）	45	44	80	75	244
李平	高一（一）	81	58	68	53	260
平均成绩		71.1	71.0	76.8	70.7	

图 5-4　Sheet1 工作表结果

③ 在 Sheet2 工作表中，以“总分”为主要关键字，“数字”为次要关键字进行升序排序，并对相关数据使用“图标集”中“四等级”的条件格式，实现数据的可视化效果，如图 5-5 所示。

复兴中学高一成绩表						
姓名	班级	语文	英语	数学	物理	总分
吴峰	高一（一）班	45	44	80	75	244
陈西苑	高一（一）班	36	72	74	78	260
李平	高一（一）班	81	58	68	53	260
刘雅丽	高一（一）班	75	75	75	36	261
刘晓丽	高一（一）班	85	60	66	81	292
蔡小凤	高一（一）班	66	78	86	80	310
懂麦	高一（一）班	72	80	80	87	319
曾红	高一（一）班	98	80	94	56	328
李平	高一（一）班	82	92	68	90	332

图 5-5　Sheet2 工作表结果

④　在 Sheet3 工作表中，筛选出各科分数均大于或等于 320 的记录，结果如图 5-6 所示。

复兴中学高一成绩表						
姓名	班级	语文	英语	数学	物理	总分
曾红	高一（一）	98	80	94	56	328
李平	高一（一）	82	92	68	90	332

图 5-6　Sheet3 工作表结果

⑤　在 Sheet4 工作表中，以“班级”为分类字段，对各科成绩进行“平均值”的分类汇总，结果如图 5-7 所示。

复兴中学高一成绩表					
姓名	班级	语文	英语	数学	物理
	高一（一）	71.1	71.0	76.8	70.7
	高一（二）	72.1	71.7	76.1	69.8
	高一（三）	71.5	70.8	76	70.1
	总计平均值	71.6	71.2	76.3	70.2

图 5-7　Sheet4 工作表结果

⑥　在 Sheet5 工作表中以“C4:C12”单元格中“语文”作为关键字，选用“语文成绩”的数据，插入“饼图”，选择“饼图”下的“分离性饼图”，结果如图 5-8 所示。

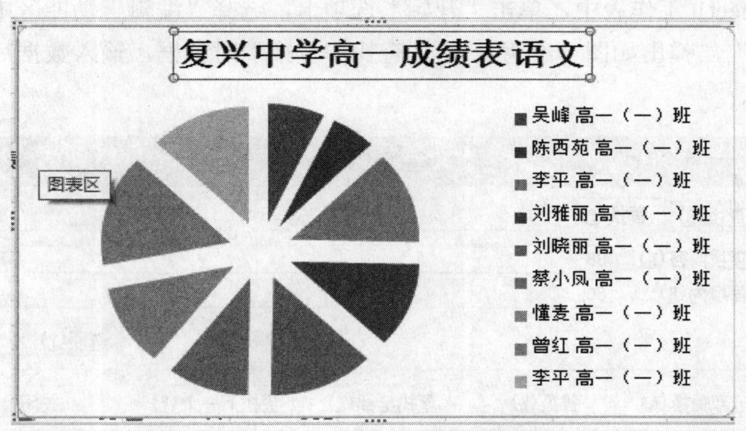

图 5-8　Sheet5 工作表结果

5.3　实 训 练 习

5.3.1　格式化工作表

(1)　启动 Excel，打开工作簿“实训 1.xlsx”。

(2)　将鼠标指针放在 Sheet1 工作表中任何一个单元格中，用 Ctrl+A 选择全部内容，

再用 Ctrl+C 进行复制，打开 Sheet2 工作表的 A1 单元格，用 Ctrl+V 进行粘贴；单击 Sheet2，右击，在弹出的快捷菜单中选择“重命名”命令，将 Sheet2 改为“销售情况表”，同样右击，在“工作表标签颜色”中选择标准色中的橙色。

① 右击第三行，在弹出的快捷菜单中选择“插入”命令，标题行下方就出现一个空行，选择该空行，右击，在弹出的快捷菜单中选择“行高”命令，设置行高为 10。

② 选择第七行并右击，在弹出的快捷菜单中选择“剪切”命令，将鼠标指针放在“商丘”所在行并右击，在弹出的快捷菜单中选择“插入剪切的单元格”命令，这样“郑州”一行就移至“商丘”一行的上方；用鼠标选择第 G 列，右击，选择“删除”命令。

③ 在“销售情况表”工作表中，选择单元格区域 B2:G3，然后在“开始”功能区选择“合并后居中”并设置字体为华文仿宋、20 磅、加粗，为标题行填充天蓝色底纹；选择单元格区域 B4:G4，将字体设置为华文行楷、14 磅、“白色，背景 1”，文本对齐方式为居中，为其填充红色底纹；选择单元格区域 B5:G10，将字体设置为华文细黑、12 磅，文本对齐方式为居中，为其填充玫瑰红色底纹，并将其外边框设置为粗实线，内部框线设置为虚线，颜色均为标准色的深红色。

5.3.2 数据管理与分析

(1) 启动 Excel，打开工作簿“实训 2.xlsx”。

(2) 在 Sheet1 工作表中，单击“开始”选项卡，选择“编辑”功能区中的“查找和选择”→“替换”，弹出如图 5-9 所示的“查找和替换”对话框，输入数据后单击“全部替换”按钮即可。

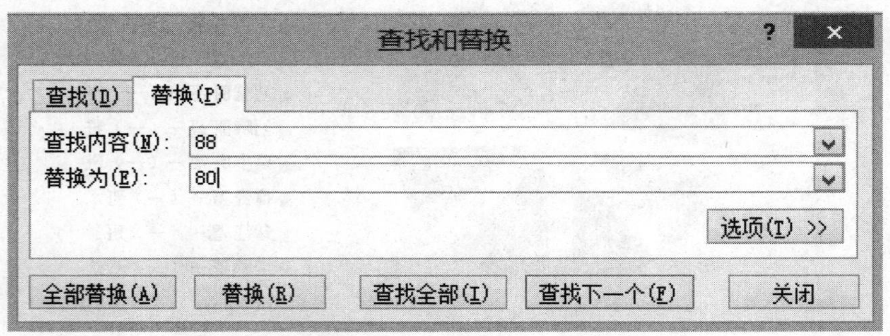

图 5-9 “查找和替换”对话框

(3) 在 Sheet1 工作表中将鼠标指针放在 G3 单元格，单击“公式”选项卡，选择“自动求和”→“求和”，选择 C4:F4 单元格区域，按 Enter 键，得出总分，然后拖动填充柄，求其余学生的总分；用同样方式计算出“各科平均分”。

(4) 在 Sheet2 工作表中，选择 A3:G15 单元格区域，单击“数据”选项卡，选择“排序”，弹出“排序”对话框，进行如图 5-10 所示的设置，单击“确定”按钮完成排序；然后单击“开始”选项卡，选择“条件格式”，选择“图标集”中“四等级”的条件格式，

实现数据的可视化效果，如图 5-5 所示。

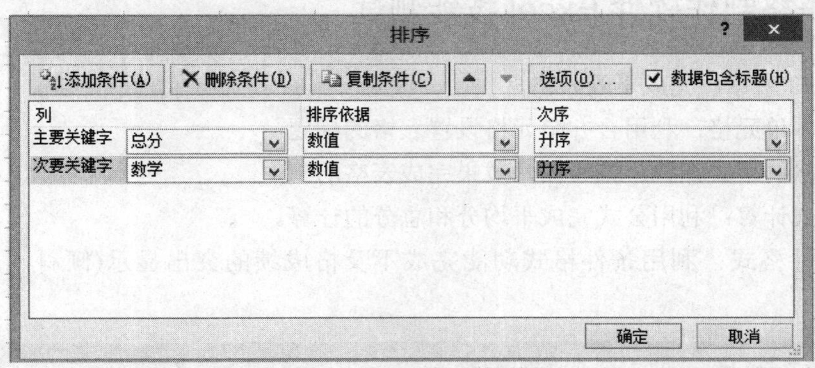

图 5-10　“排序”对话框

(5) 在 Sheet3 工作表中，选择第二行标题，单击“数据”选项卡→“筛选”，在各个标题出现下拉列表框，单击各科成绩，选择“数字筛选”→“大于或等于”，在对话框中进行设置，依次设置各科成绩，最后筛选出各科分数均大于或等于 80 的记录，结果如图 5-6 所示。

(6) 在 Sheet4 工作表中，选择 A3:F15 单元格区域，以“班级”为主要关键字进行排序，然后选择“数据”→“分类汇总”，进行如图 5-11 所示的设置，即可完成分类汇总，结果如图 5-7 所示。

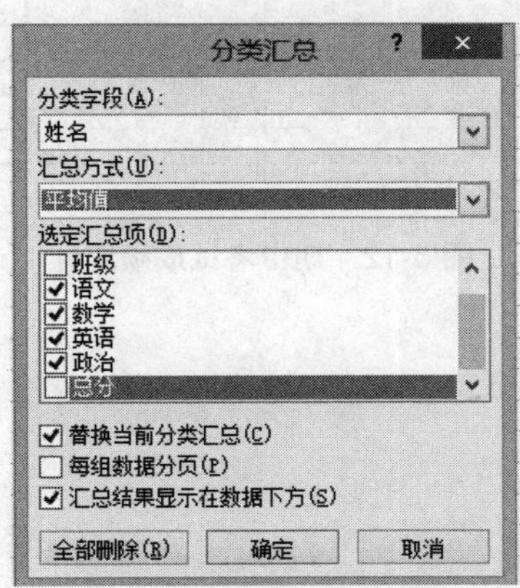

图 5-11　“分类汇总”对话框

(7) 将鼠标指针放在 Sheet5 工作表的 A1 单元格，单击“插入”选项卡，选择“数据透视表”，出现“创建数据透视表”对话框，选定数据源，单击“确定”按钮，出现“数据透视表字段列表”选框，然后依次将“班级”拖动至“报表筛选”，单击“数值项”后面的下拉按钮，选择“值字段设置”，将自定义名称改为“计数项”即可。数据透视表建立完成，结果如图 5-8 所示。

5.3.3 表格制作软件 Excel 技能测试

如图 5-12 所示，完成下列表格。

(1) 合并单元格：利用合并单元格设置表格的标题。

(2) 表格的格式调整：按照图片效果完成表格的制作。

(3) 公式计算：利用公式完成平均分和总分的计算。

(4) 条件格式：利用条件格式功能完成不及格成绩的突出显示(倾斜，加粗，红色表示)。

Microsoft Excel - 习题

XXX班期中考试成绩统计

姓名 科目	语文	数学	物理	化学	英语	平均分	总分
A	75	89	85	96	85		
B	85	65	65	45	60		
C	90	90	74	85	78		
D	39	86	50	99	86		
E	50	80	72	76	48		
F	65	64	54	65	69		
G	55	95	84	85	90		
H	78	64	68	90	57		
I	88	45	84	63	86		
J	56	95	63	49	62		
K	95	50	53	79	95		
L	65	87	86	39	62		
M	86	87	62	65	77		

图 5-12 期中考试成绩统计

第 6 章

演示文稿工具 PowerPoint 2010

PowerPoint 是微软公司的演示文稿软件，能够制作出集文字、图形、图像、声音以及视频剪辑等多媒体元素于一体的演示文稿，把要表达的信息组织在一组图文并茂的画面中，用于介绍公司的产品、展示自己的学术成果等。PowerPoint 第一次引入了“演示文稿”（presenttion）的概念，克服了过去幻灯片杂乱无章的缺点。作为一个独立的软件，经过多年的开发和版本的更新，PowerPoint 的功能越来越强大。用户不仅可在投影仪或者计算机上进行演示，也可以将演示文稿打印出来，制作成胶片，以便应用到更广泛的领域中。另外，还可以创建演示文稿，在互联网上召开远程会议或在网上给观众展示演示文稿。本章通过任务驱动方式介绍演示文稿的制作方法和相关技巧。

6.1 实 训 目 的

PPT 原名是 Microsoft Office PowerPoint，它是由微软公司开发的一款演示文稿软件。方便用户在投影仪和计算机上进行演示的一款软件，在演示的同时也能把演示文稿打印出来，还可以制作成胶片，因此在现代社会中得到了广泛的应用。人们利用 PPT 不但可以创建演示文稿，还能在计算机和手机上开视频会议、远程会议、网络授课等，其格式后缀名为.PPT、.PPTS，也可以保存为 PDF、图片格式等。

实训一：PPT 案例实践

掌握 PPT 文字的输入、图片的插入、编辑 PPT 的方法。

(1) 掌握启动、创建 PPT 的方法。

(2) 掌握 PPT 文字的输入、图片的插入、表格的插入方法。

(3) 掌握 PPT 图片的编辑方法。

(4) 掌握 PPT 插入文本框的方法。

(5) 掌握编辑文字的字体、颜色、大小等。

(6) 掌握在 PPT 中添加动画、音频、视频的方法。

实训二：案例训练(关于家乡的网站)

掌握 PPT 自定义动画的方法。

(1) 掌握设置 PPT 自定义动画效果。

(2) 掌握设置幻灯片的背景的填充效果。

(3) 掌握在幻灯片中插入剪贴画的方法。

(4) 掌握创建副本的方法。

实训三：案例训练(主题是“美丽家园”的演示文稿)

掌握设置 PPT 超级链接的方法。

(1) 掌握设置 PPT 文字的超级链接的方法。

(2) 掌握设置 PPT 自定义动画效果。

(3) 掌握连续编辑 PPT 的方法。

实训四：案例训练(“计算机基础”演示文稿的制作)

掌握 PPT 创建演示文稿的方法。

(1) 了解演示文稿制作，能够熟练地创建演示文稿。

(2) 掌握对幻灯片中对象进行基本操作。

(3) 能够熟练地编辑幻灯片。

6.2　实 训 内 容

PPT 案例实践：

(1)　启动 PowerPoint 2010：从“开始”菜单启动，选择“开始”→“所有程序”→Microsoft Office→Microsoft PowerPoint 2010 命令，如图 6-1 所示，打开 PowerPoint 2010。

图 6-1　打开 PowerPoint 2010

(2)　打开 PowerPoint 2010 界面，如图 6-2 所示。

图 6-2　PowerPoint 2010 界面

(3)　插入图片：单击“插入”选项卡，然后单击“图片”，接着在弹出的“插入图片”对话框中找到并选中相应的图片文件，单击“确定”按钮后，图片就被插入幻灯片中，如图 6-3 所示。

图 6-3　插入图片

(4) 编辑图片：用鼠标拖动形状的 8 个调节柄以快速调整形状的尺寸。在 PowerPoint 中单击“格式”选项卡，单击“排列”组中的“下移一层”按钮，在弹出的菜单中选择“置于底层”选项。或者单击鼠标右键，在弹出的快捷菜单中选择“置于底层”选项，也可以将图片置于底层，如图 6-4 所示。

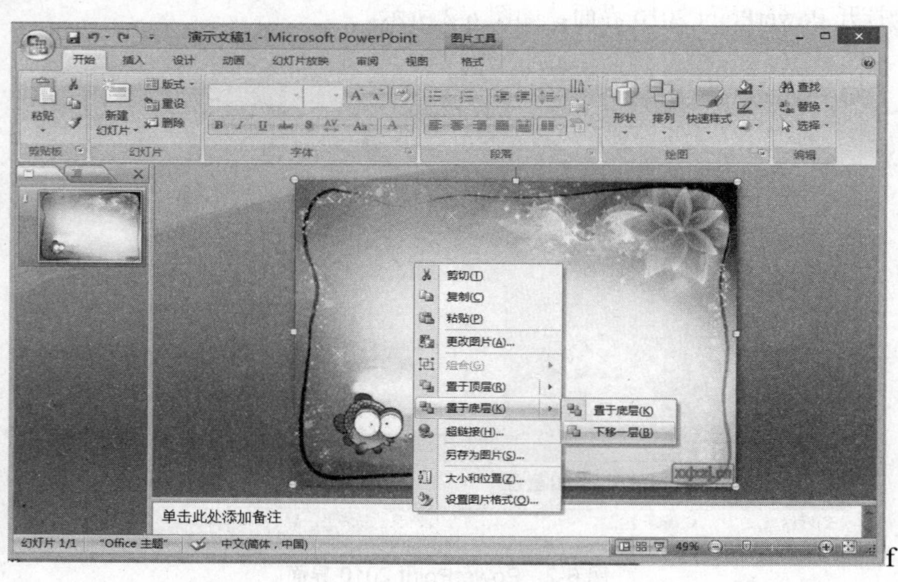

图 6-4　编辑图片

(5) 插入文本框：在 PowerPoint 中单击“插入”选项卡，然后在“文本”组中单击“文本框”按钮，在弹出的菜单中选择“横排文本框”选项，再单击“演示文稿”的任意区域，插入相应类型的文本框，并为文本框填入内容，如图 6-5 所示。

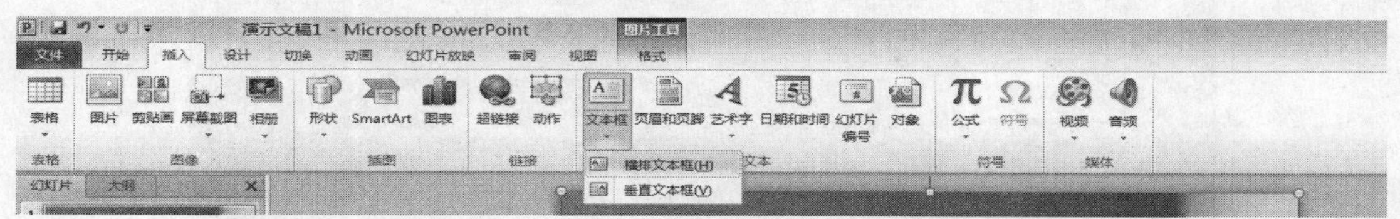

图 6-5　插入文本框

(6) 编辑文字：选中要编辑的文字，然后单击右键，即可在弹出的快捷菜单中选择编辑文字的字体、颜色、大小等，如图 6-6 所示。

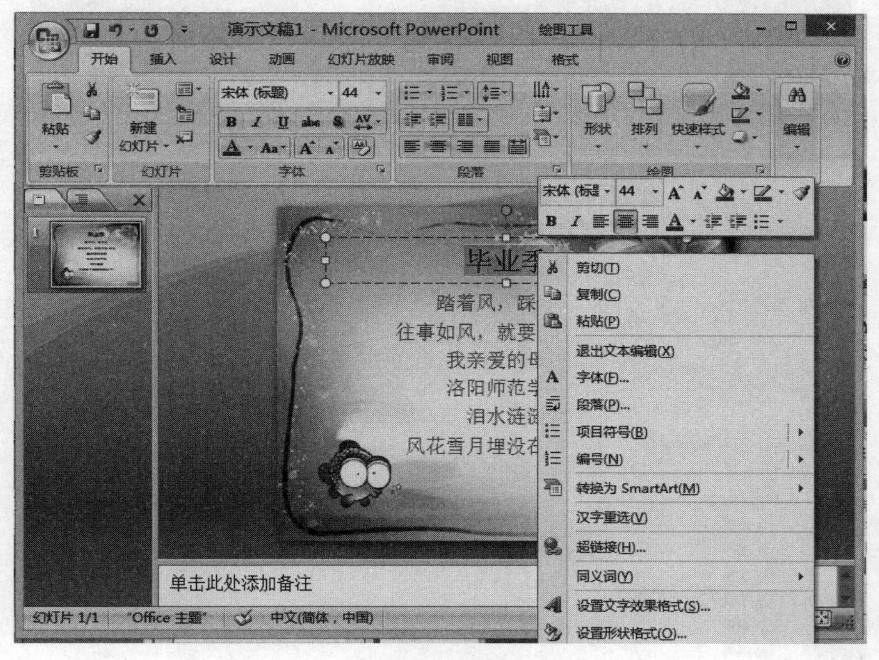

图 6-6　编辑文字

(7) 添加动画：选中需要插入声音文件的幻灯片，单击“动画”选项卡，然后在“动画”组中单击“添加动画”按钮，在弹出的菜单中选择相应的样式，将其应用到显示对象上，如图 6-7 所示。

(8) 添加音频：选中需要插入声音文件的幻灯片，单击“插入”选项卡，然后单击“音频”，接着在弹出的“插入声音”对话框中找到并选中相应的声音文件，单击“确定”按钮后，将图片插入幻灯片中，如图 6-8 所示。

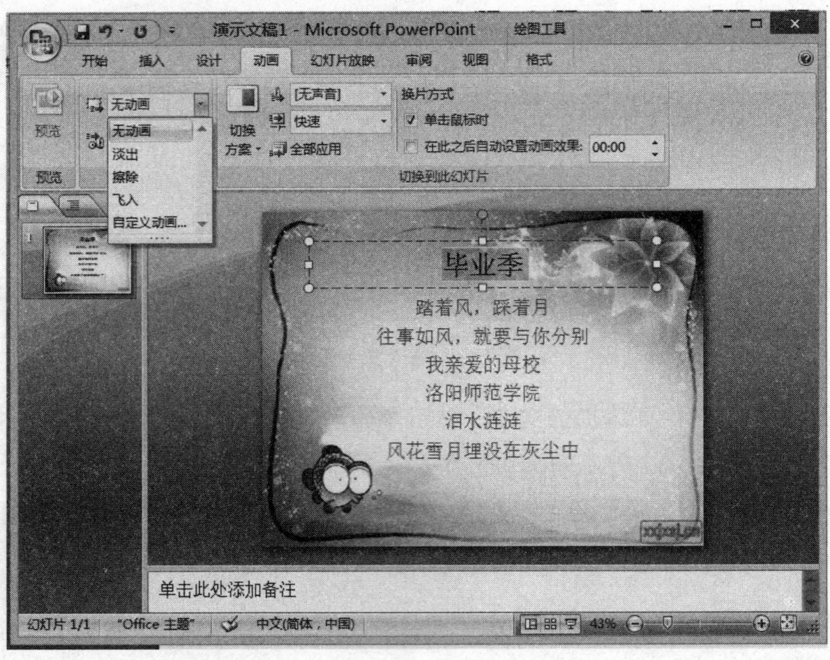

图 6-7　添加动画

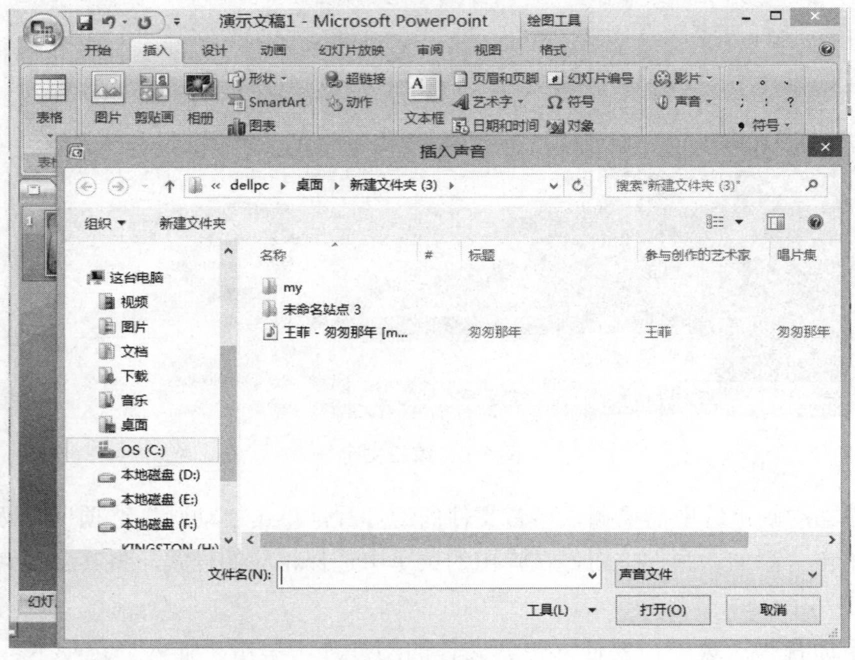

图 6-8　添加音频

(9)　添加视频：选中需要插入视频文件的幻灯片，单击“插入”选项卡，然后单击“视频”，接着在弹出的“插入影片”对话框中找到并选中相应的视频文件，如图 6-9 所示，添加视频后，将视频插入幻灯片中。

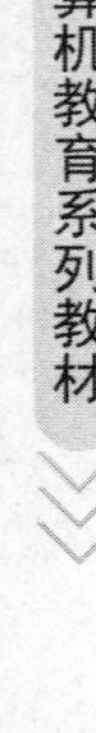

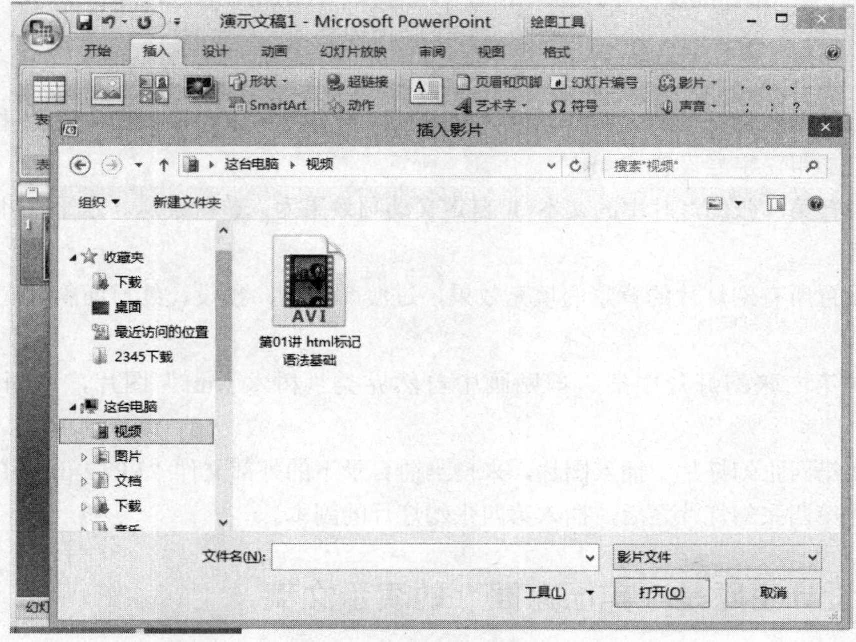

图 6-9　添加视频

(10) 保存：单击“文件”选项卡，然后执行“保存”命令，直接保存演示文稿到本地磁盘，如图 6-10 所示。

图 6-10　保存

6.3　实 训 练 习

6.3.1　“生态保护和建设”演示文稿

1. 训练内容

设计一个主题是“生态保护和建设”的演示文稿。

2. 具体要求

打开 PPT 演示文稿文件，然后进行如下操作。

(1) 将第一张幻灯片的上部插入一个文本框，内容为：生态保护和建设，并将字体设置为楷体、加粗，字号设置为 48。

(2) 设置第一张幻灯片中的文本 1 自定义动画效果为：整批发送、水平百叶窗，声音选择风铃声。

(3) 设置所有幻灯片的背景的填充效果，过渡颜色为：预设、红日西斜，底纹式样为横向。

(4) 在第二张幻灯片中插入剪贴画中自然界类“树木.wmf”图片，动画效果设为“螺旋”。

(5) 在第四张幻灯片中插入图片，来自当前目录下的外部文件“PPT2-pic.gif”。

(6) 在第四张幻灯片之后，插入第四张幻灯片的副本。

6.3.2 设计主题是“美丽家园”的演示文稿

设计一个主题是“美丽家园”的演示文稿。首先，新建一个名为“美丽家园”的演示文稿，在幻灯片的第一页中插入文本框，输入“美丽家园”四个字。选择第一页幻灯片，右击，打开快捷菜单，选择“新建幻灯片”，新建第二页幻灯片。在第二页中按照第一页的方法输入“家园介绍”，依次新建第三页幻灯片并输入文字“家园图片”、新建第四页幻灯片并输入文字“家园美景”。

打开 PPT 演示文稿文件，然后进行以下操作。

(1) 在“目录”幻灯片中利用动作设置，为其中文本框中“美丽家园”的文字设置链接，链接到第四张幻灯片。

(2) 设置第二张幻灯片的切换方式如下：慢速、阶梯状向左下展开，单击鼠标换页，切换时的声音为“急刹车”效果。

(3) 将第二张幻灯片中的“家园介绍”字体设置为：隶书、加粗，字号设置为 36。

(4) 为第四张幻灯片设置名为“新闻纸”的纹理背景。

(5) 在第四张幻灯片之后插入一张空白的幻灯片，在其中插入第一种艺术字，文字内容为“环保”。

具体方法与操作步骤如下所述。

① 打开本题幻灯片→选中文本框并选中文本框里的文字“美丽家园”→右击→超级链接→打开“插入超级链接”窗口→选择链接到→文本文档中的位置→幻灯片 4。

② 选中第二张幻灯片→在打开的幻灯片文件中单击工具栏中的“切换”选项→选“阶梯状向左下展开”→然后单击页面右侧的“换片方式”下的选项→勾选“单击鼠标换页”→切换时的声音选择为“急刹车”效果。

③　选中第二张幻灯片中的“家园介绍”四个字→右击→打开“字体”对话框→中文字体下选择“隶书”→字体样式下选择“加粗”→大小下选择“36”号字→确定。

④　选中第四张幻灯片→选择菜单栏中的“格式”命令→打开“设置图片格式”对话框→在对话框中选择“填充”→图片或纹理填充→新闻纸→确定。

⑤　选中第四张幻灯片→在菜单栏中选择“插入”→新幻灯片→选空白版式→确定→插入→图片→艺术字→选第一种艺术字→确定。

6.3.3　制作演示文稿

演示文稿的制作方法如下。

(1)　制作包含 6 张幻灯片的演示文稿，内容如图 6-11 所示。

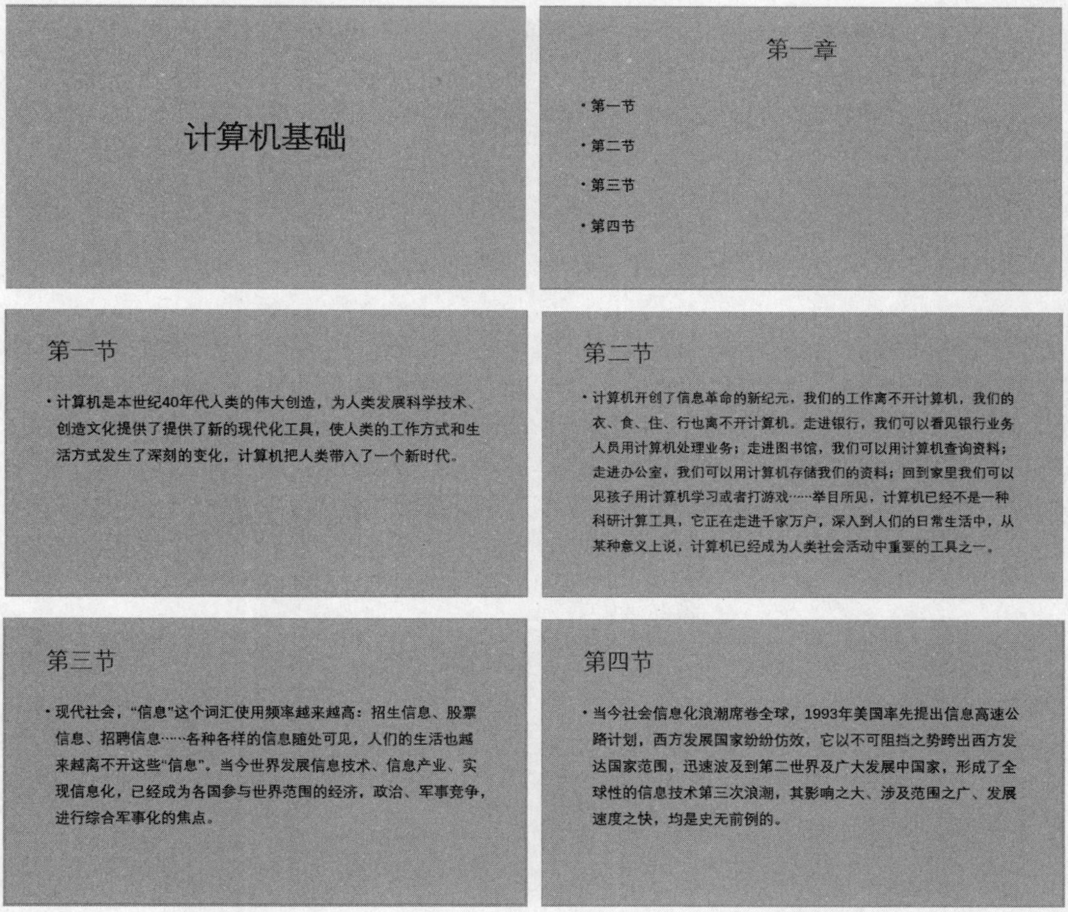

计算机基础

第一章

- 第一节
- 第二节
- 第三节
- 第四节

第一节

- 计算机是本世纪40年代人类的伟大创造，为人类发展科学技术、创造文化提供了提供了新的现代化工具，使人类的工作方式和生活方式发生了深刻的变化，计算机把人类带入了一个新时代。

第二节

- 计算机开创了信息革命的新纪元，我们的工作离不开计算机，我们的衣、食、住、行也离不开计算机。走进银行，我们可以看见银行业务人员用计算机处理业务；走进图书馆，我们可以用计算机查询资料；走进办公室，我们可以用计算机存储我们的资料；回到家里我们可以见孩子用计算机学习或者打游戏……举目所见，计算机已经不是一种科研计算工具，它正在走进千家万户，深入到人们的日常生活中，从某种意义上说，计算机已经成为人类社会活动中重要的工具之一。

第三节

- 现代社会，“信息”这个词汇使用频率越来越高：招生信息、股票信息、招聘信息……各种各样的信息随处可见，人们的生活也越来越离不开这些“信息”。当今世界发展信息技术、信息产业、实现信息化，已经成为各国参与世界范围的经济，政治、军事竞争，进行综合军事化的焦点。

第四节

- 当今社会信息化浪潮席卷全球，1993年美国率先提出信息高速公路计划，西方发展国家纷纷仿效，它以不可阻挡之势跨出西方发达国家范围，迅速波及到第二世界及广大发展中国家，形成了全球性的信息技术第三次浪潮，其影响之大、涉及范围之广、发展速度之快，均是史无前例的。

图 6-11　演示文稿

(2)　幻灯片格式的设置。设置第一张幻灯片标题“计算机基础”的字体为黑体、48 号、蓝色。

(3) 图片的插入。将一张图片“qqc.gif”插入至某张幻灯片中，并设置其尺寸为高度6cm、宽度8cm。

(4) 超级链接的设置。在第二张幻灯片中分别为目录文字“第一节”“第二节”“第三节”“第四节”创建超级链接，分别链接到第三、四、五、六张幻灯片。

(5) 设置动画效果。为第二张幻灯片的标题设置飞入的动画效果。

第 7 章 常用工具软件

本章主要介绍各种常用工具软件的使用方法，其中包括认识工具软件、工具软件的获取方法、安装与卸载、启动与退出，以及 WinRAR 文件压缩工具的使用。

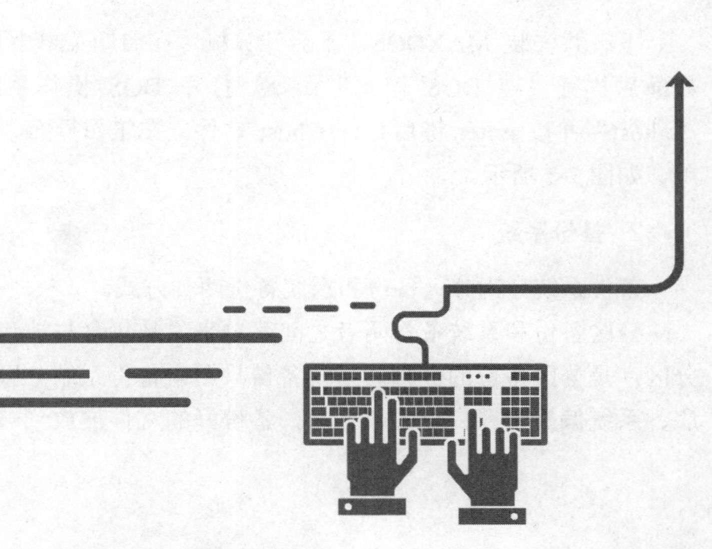

7.1 实 训 目 的

用户在使用计算机的过程中，当操作系统出现问题而无法继续使用时，就需要用户将计算机系统进行重装。在重装系统前，用户应该备份计算机系统盘中的个人文件，重装好操作系统后，还需要重新安装应用软件，费时费力。使用 Ghost 备份软件，可对正常的操作系统进行备份，在计算机出现问题后，用备份的系统文件来还原系统，从而可以在短时间内恢复系统正常功能。

实训一：系统备份

掌握分区备份和系统备份。

(1) 掌握 Ghost 概念的含义，了解打开 Ghost 的方法。

(2) 掌握分区备份和系统备份两种方法。

(3) 掌握硬盘备份的方法。

实训二：压缩软件 WinRAR 的使用

掌握 WinRAR 的使用。

(1) 了解软件 WinRAR。

(2) 学会下载、安装 WinRAR 软件。

(3) 学会启动 WinRAR。

(4) 用 WinRAR 软件对文件进行压缩。

(5) 掌握压缩文件、解压缩文件的方法。

7.2 实 训 内 容

1. 打开 Ghost

下载并安装 MAXDOS，重启计算机，在启动菜单中执行 MAXDOS，打开 MAXDOS 界面后执行“纯 DOS 模式”命令，打开 DOS 操作系统。在 DOS 操作系统中，输入“ghost”并按 Enter 键后打开 Ghost 软件，在工作界面中单击 OK 按钮，打开 Ghost 主菜单，如图 7-1 所示。

2. 备份系统

备份系统分为分区备份和系统备份两种方式。

分区备份和系统备份两者之间简单来说是包含与被包含的关系。系统备份是备份系统分区，是分区备份的一种。系统备份只用来备份系统分区的数据，包括操作系统、安装程序、系统偏好设置、个人数据等，备份好的文件被放到一个镜像文件中，以后若系统出问

题，可以进行系统还原。有的软件可以将与系统分区有关的小分区，比如 MSR、ESP 分区也一起进行备份。现在有很多专业备份系统的软件，名字大多为“××一键还原”。

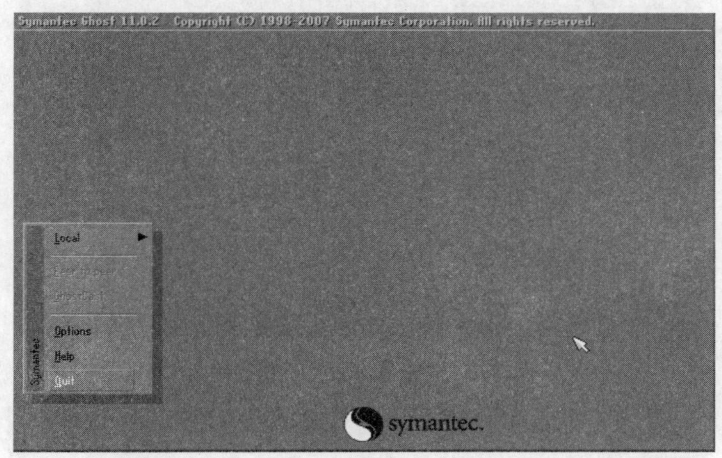

图 7-1　Ghost 主菜单界面

分区备份也是将分区的数据备份成一个镜像文件，不过这个备份不一定是系统分区，备份的可以是其他的数据盘，比如 E 盘、F 盘等。备份的文件也是放到一个镜像文件中，随时可以还原。专业备份系统分区的软件无法备份非系统分区。

(1) 分区备份。在菜单中执行 Local→Partition→To Image 命令，如图 7-2 所示；弹出硬盘选择窗口，如图 7-3 所示。

单击窗口中的硬盘信息条，选择硬盘，单击 OK 按钮，打开窗口，选择要备份的分区，如图 7-4 所示。

在弹出的窗口中选择备份存储的目录并输入备份文件的名称，备份文件后缀名为.GHO。单击 Save 按钮，如图 7-5 所示。

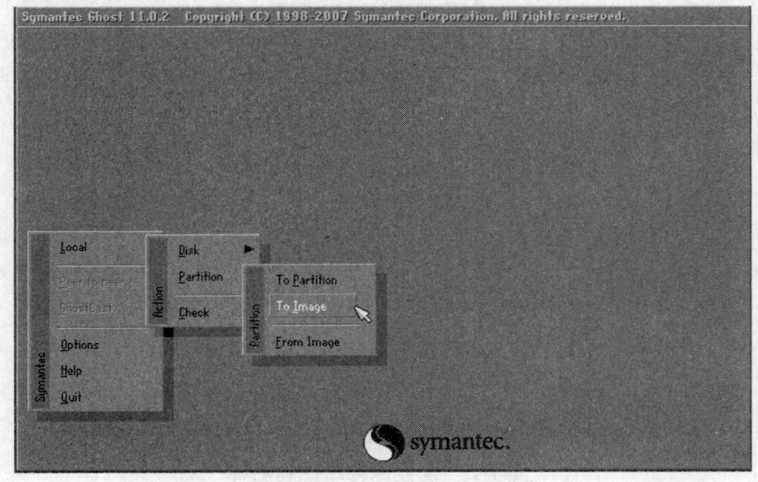

图 7-2　选择 To Image 命令

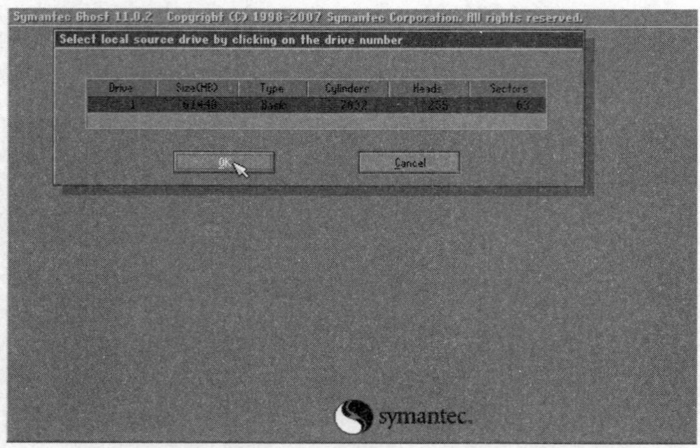

图 7-3　选择备份文件所在的硬盘

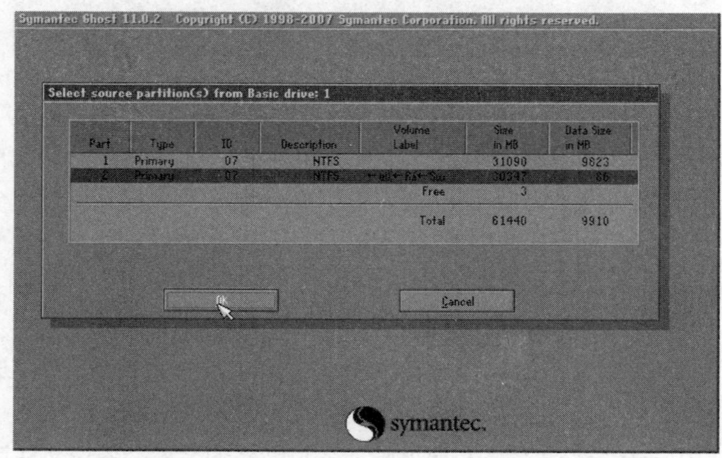

图 7-4　选择备份的分区

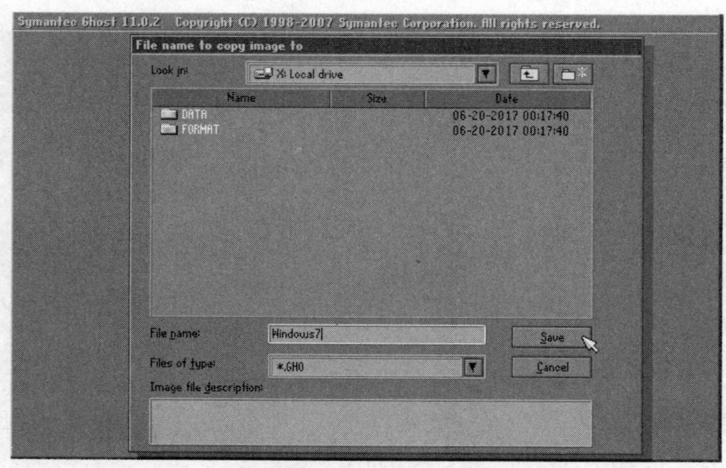

图 7-5　设置保存路径和名称

之后程序会询问是否压缩备份数据，其中：No 表示不压缩，Fast 表示快速压缩，High 表示高比例压缩。单击 Fast 按钮开始分区备份，如图 7-6 所示。

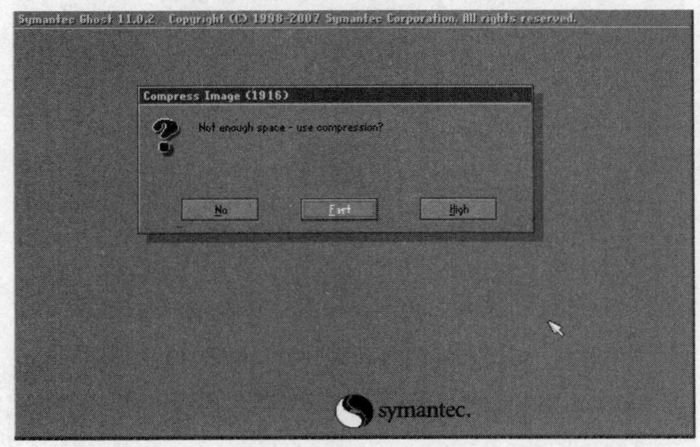

图 7-6　选择压缩方式

备份完成后，文件将以.GHO 后缀名存储在选定的目录中，如图 7-7 所示。

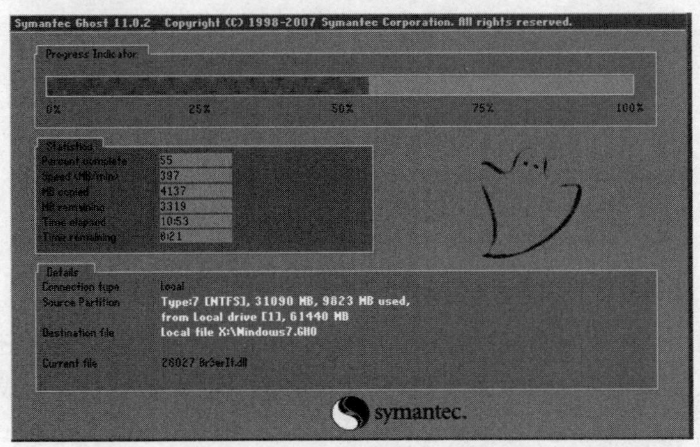

图 7-7　数据备份过程

(2)　系统备份。系统备份类似于分区备份，在菜单中执行 Local→Disk→To Image 命令，同样在弹出的窗口中选择要备份的硬盘、备份文件所保存的路径和选择是否压缩备份文件开始系统备份。

3. 系统还原

前面已经完成了系统的备份操作，当计算机操作系统的分区数据受到损坏，或者系统损坏时，便可以使用备份的数据来进行还原。

利用 Ghost 的还原系统操作和系统的备份操作步骤是基本相反的，在菜单中执行 Local→Partition→From Image 命令，如图 7-8 所示。

接着，选择还原的硬盘和分区，如图 7-9 所示。

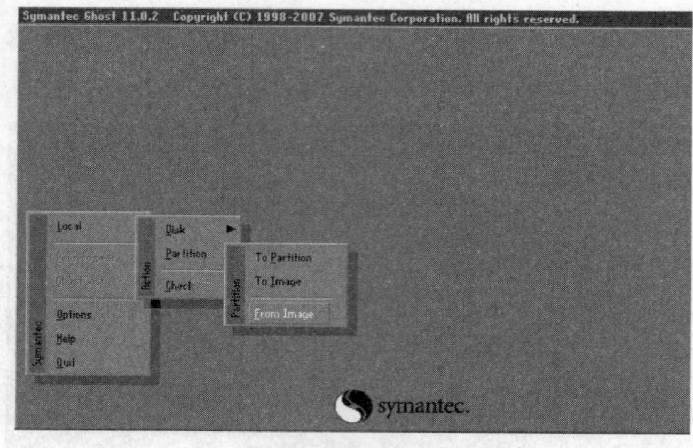

图 7-8 选择 From Image 命令

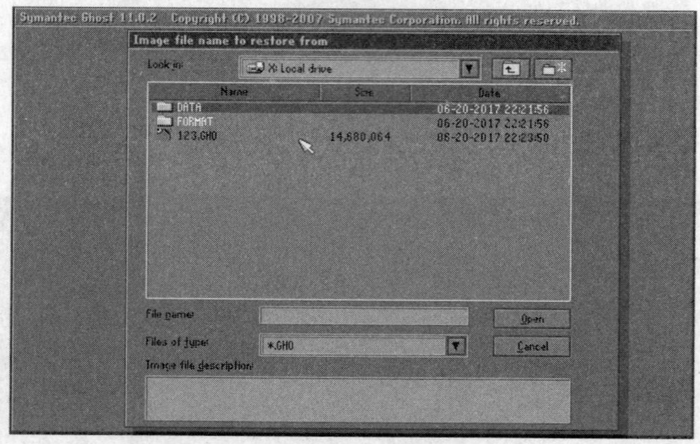

图 7-9 选择还原的硬盘和分区

接着，Ghost 会提示还原后将覆盖原有分区，单击 Yes 按钮，开始还原备份文件，如图 7-10 所示。在完成后弹出的对话框中，单击 OK 按钮重启计算机，完成还原操作。

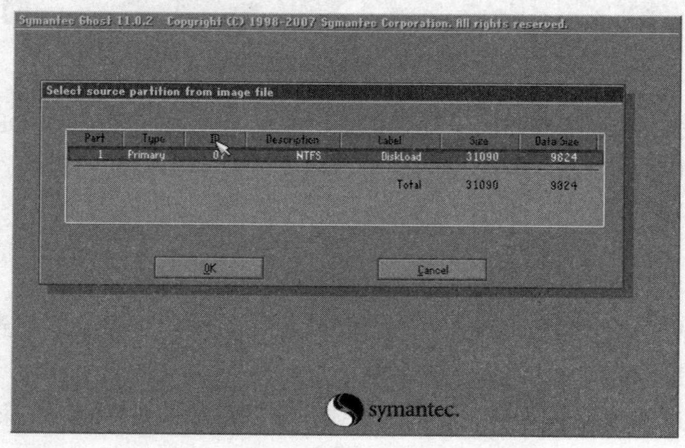

图 7-10 开始还原备份文件

7.3 实 训 练 习

下面介绍压缩软件 WinRAR 的使用方法。

1. 启动 WinRAR

下载并安装 WinRAR 工具软件，在桌面双击快捷图标或在“开始”菜单中选择“程序”→WinRAR 命令，启动 WinRAR 工具软件，如图 7-11 所示。

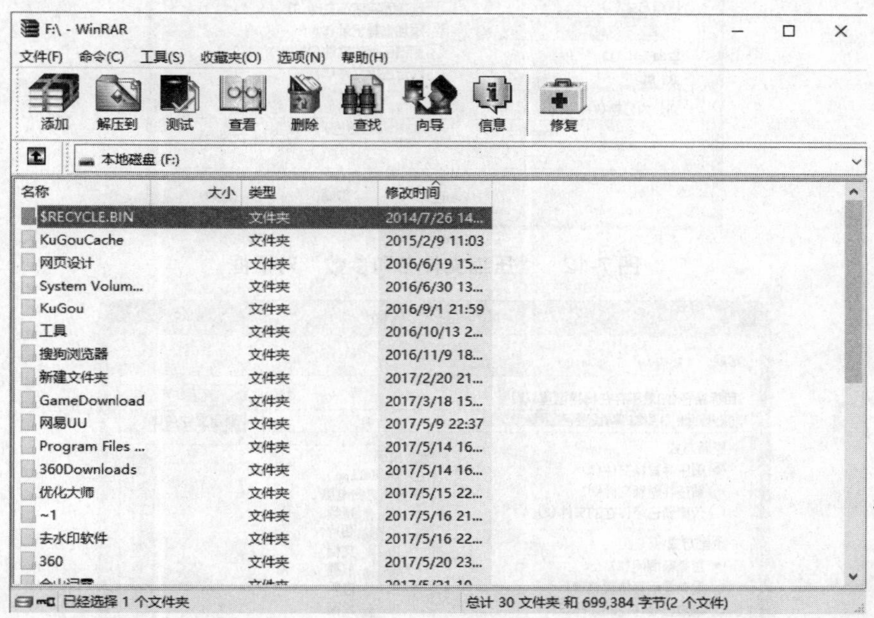

图 7-11　启动 WinRAR 软件

2. 文件压缩

首先选择“文件”→“打开压缩文件”命令查找要压缩的文件，在图 7-11 所示的文件列表中选择要压缩的文件或文件夹，可以按住 Ctrl 键或 Shift 键进行多选。单击工具栏中的“添加”按钮，弹出“压缩文件名和参数”对话框，如图 7-12 所示。

单击“浏览”按钮，选择压缩文件的存放路径；在“压缩文件名”下拉列表中可修改文件的文件名；在“压缩文件格式”选项组中可选择压缩文件的格式；设置完成后，单击“确定”按钮开始生成压缩文件。

3. 对压缩文件进行解压缩

打开 WinRAR 工作窗口，如图 7-11 所示，选择“文件夹”→“打开压缩文件”命令，在“查找压缩文件”对话框中选择要解压缩的文件，然后单击“打开”按钮；或单击工具栏中的“解压到”按钮，在打开的“解压路径和选项”对话框中进行参数设置，设置完成后，单击“确定”按钮进行解压缩操作，如图 7-13 所示。

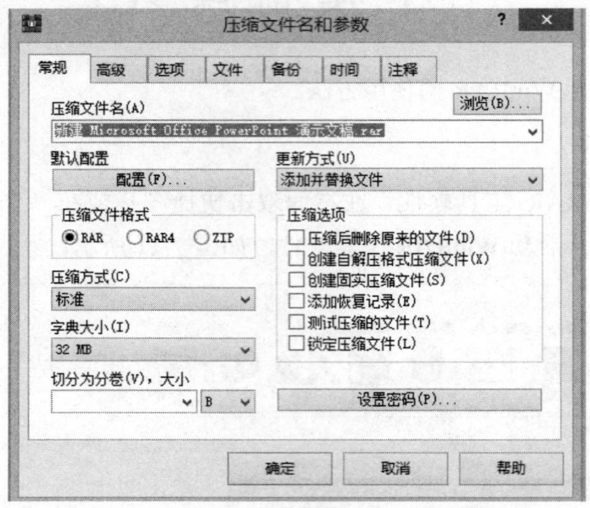

图 7-12　“压缩文件名和参数”对话框

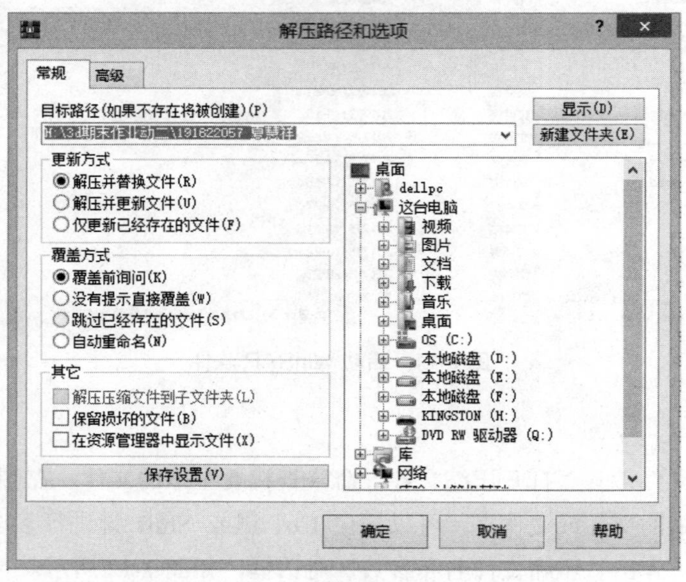

图 7-13　解压参数设置

在要解压的文件上右击，在弹出的快捷菜单中选择“解压到当前文件夹”命令，将压缩文件的内容解压到当前文件夹中；也可以选择“解压到×××”命令，在当前文件夹下建立以该压缩文件的文件名命名的文件夹，将压缩文件的内容解压到生成的文件夹下。

4. 在压缩时设置密码

在“压缩文件名和参数”对话框中单击“设置密码”按钮，在随后弹出的“输入密码”对话框中设置好密码，如图 7-14 所示。单击“确定”按钮，然后单击“压缩文件名和参数”对话框中的“确定”按钮开始压缩过程。

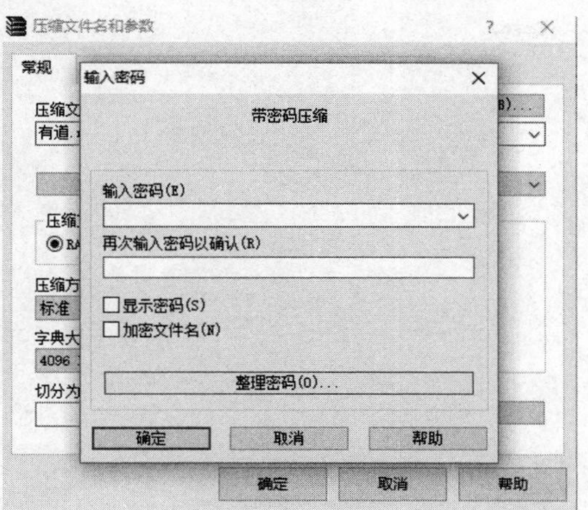

图 7-14　“输入密码”对话框

第 8 章

Photoshop 的应用

Photoshop 是 Adobe 公司推出的图形图像处理软件，功能强大，广泛应用于印刷、广告设计、封面制作、网页图像制作、照片编辑等领域。利用 Photoshop 可以对图像进行各种平面处理，如绘制简单的几何图形、给黑白图像上色、进行图像格式和颜色模式的转换等。

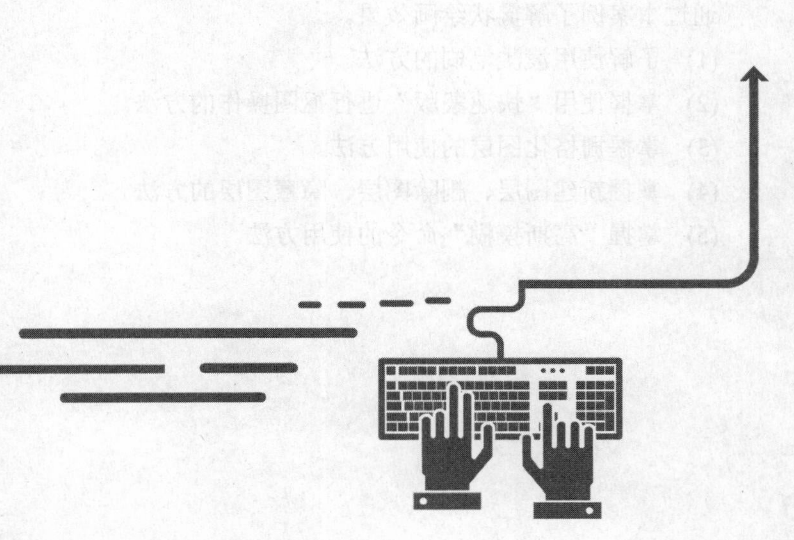

8.1 实 训 目 的

Photoshop 是世界顶尖级的图像设计与制作工具软件。图像处理是对已有的位图图像进行编辑加工处理以及运用一些特殊效果，其重点在于对图像的处理加工。在表现图像中的阴影和色彩的细微变化方面或者进行一些特殊效果处理时，使用位图形式是最佳的选择，它在这方面的优点是矢量图无法比拟的。

学习内容：掌握绘画的基础理论，学习色彩原理和选取颜色、范围选取、工具与绘图、图像编辑、控制图像色彩和色调、使用图层和路径、通道和蒙板的应用、滤镜等。

实训一：滤镜案例

通过本案例了解滤镜。

(1) 了解滤镜、干画笔等的概念。

(2) 掌握滤镜设置的方法。

(3) 了解蒙版的概念。

(4) 掌握蒙版设置的方法。

(5) 掌握灰度的调配方法。

实训二：图层蒙版案例

通过本案例了解图层蒙版。

(1) 了解图层、蒙版的概念和使用方法。

(2) 掌握使用“快速蒙版”进行抠图操作的方法。

(3) 掌握使用“图层蒙版”产生两幅图像的叠加效果。

(4) 掌握使用“图层蒙版”产生图像的淡入效果的方法。

实训三：制作雾状绘画效果、文字效果

通过本案例了解雾状绘画效果。

(1) 了解使用泼溅笔刷的方法。

(2) 掌握使用“快速蒙版”进行抠图操作的方法。

(3) 掌握栅格化图层的使用方法。

(4) 掌握新建图层、删除图层、隐藏图层的方法。

(5) 掌握“高斯模糊”命令的使用方法。

8.2　实 训 内 容

8.2.1　滤镜案例

通过本案例了解滤镜。

(1)　打开如图 8-1 所示的图片，按 Ctrl+J 组合键复制一层，以便于对比查看调整前后的效果，然后依次单击“滤镜”→“滤镜库”→“艺术效果”→“干画笔”命令或选项，如图 8-2 所示。

图 8-1　原图

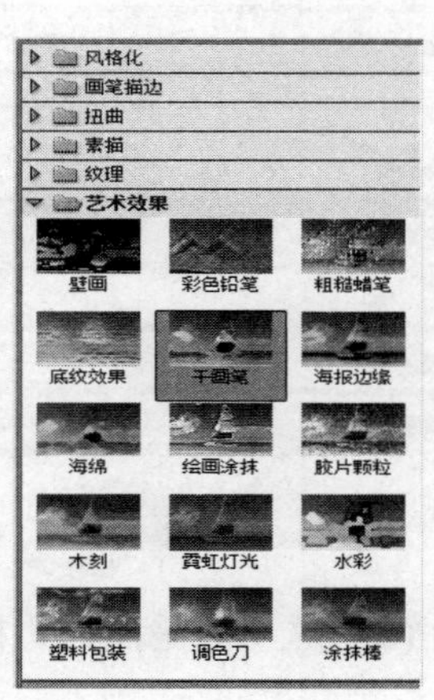

图 8-2　干画笔对话框

(2)　执行“滤镜”→“油画”命令，具体参数如图 8-3 所示。

(3)　前面都是为了打基础，到这一步，画面会发生质的变化，执行：编辑→首页选项→Camera raw 滤镜，具体参数如图 8-4 所示。

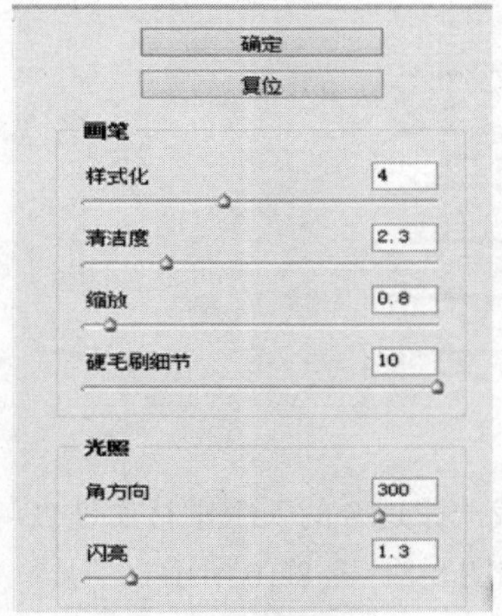

图 8-3　画笔参数

图 8-4　滤镜参数

(4) 这一步，参数本着曝光 + 对比 − 阴影和黑色最大，清晰度和自然饱和度适当增加，如图 8-5 所示，直到画面变得像一幅画为止。

(5) 这一步，细节调整最大，调整蒙版指数的时候按住键盘上的 Alt 键，观察画面，黑白对比比较强烈就可以了，如图 8-6 所示。

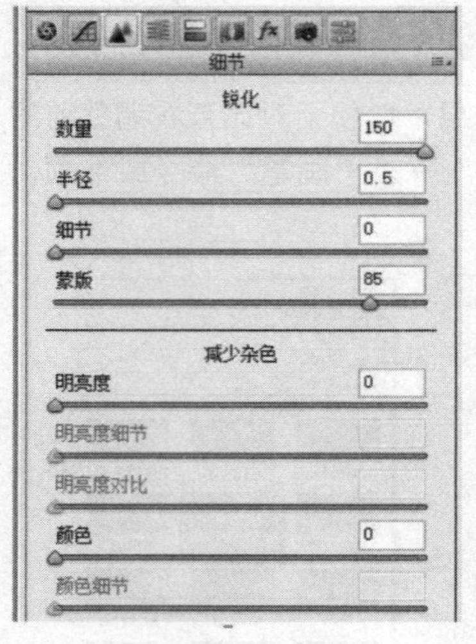

图 8-5 调整细节

图 8-6 黑白对比

(6) 这一步是调色，根据画面的不同做适当的调整，如图 8-7 所示。

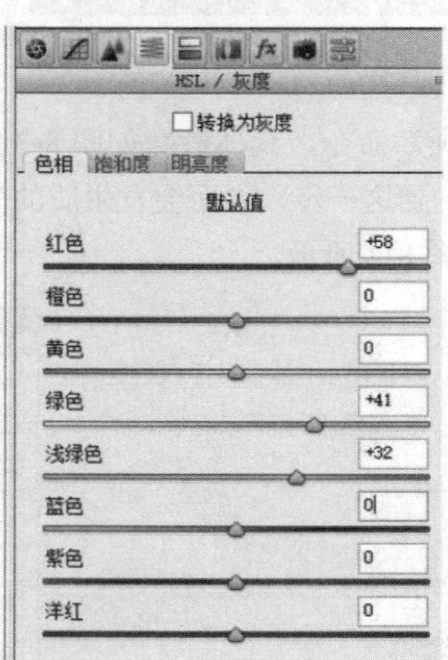

图 8-7 调色

(7) 最后就是天空的部分，把天空抠出来，再找一张适合的天空素材加进去，适当调色融合进画面。最后可以加上类似足迹的字幕等，如图 8-8～图 8-10 所示。

图 8-8　将天空部分抠出来

图 8-9　另一幅天空图

图 8-10　完成后的图形

8.2.2 图层蒙版案例

蒙版分为“快速蒙版”和“图层蒙版”两种。“快速蒙版”可用来产生各种选区，而“图层蒙版”是覆盖在图层上面，用来控制图层中图像的透明度。利用“图层蒙版”可以制作出图像的融合效果，或遮挡图像上某个部分，也可使图像上某个部分变成透明。下面将利用实例详细介绍蒙版的几种使用场合。

1. 利用“快速蒙版”进行抠图操作

在图像处理中，我们经常利用“快速蒙版”来产生各种复杂的选区，进行抠图操作。

如图 8-11 所示，我们要将两小孩的图像从浅色的背景中抠出来。因小男孩所穿的白色波鞋与背景色非常相似，故难度相对较大。

我们利用“魔棒”工具选择背景之后再反选，则小男孩的鞋子无法选择到，图中选区是应用“魔棒”之后的效果。此时可再单击工具栏中的“快速蒙版”工具打开快速蒙版编辑模式，可见原选区以外呈半透明的红色。将前景色改成白色，选择适当大小的“毛笔”对小男孩的鞋子进行涂抹，可将鞋子添加至原选区中。如果不小心将背景也涂了进来，可将前景色改为黑色，进行涂抹，可将鞋子添加至原选区中。如果不小心将背景也涂了进来，可将前景色改为黑色，再用“橡皮”仔细地将多余的部分擦除。

用快捷键 X 可完成前景和背景的快速切换，可换用不同粗细的“毛笔”以适应不同场合，还可以配合使用“放大”工具，将图像放大以便更好及更细致地操作。如此交替多次，也可单击“标准编辑模式”按钮将其变换成选区进行查看，直至达到满意的效果。

2. 利用“图层蒙版”产生两幅图像的叠加效果

给目标图层加上“图层蒙版”时，不管当前图像是否是彩色模式，蒙版上只能填上黑白的 256 级灰度图像，且蒙版上不同的黑、白、灰色调可控制目标图层上像素的透明度，即：蒙版白色部分，相当于图层上图像效果为不透明；蒙版黑色部分，相当于图层上的图像为全透明；蒙版呈不同灰色，图像呈不同程度的透明状态。

下面有两幅图，一幅为旗子的图片；另一幅为花的图片。现在要把花的图片嵌入旗子的图片中制作成如图 8-12 所示的效果。

我们可以给旗子图层加上“图层蒙版”，然后用 Alt+单击蒙版，只在画面中打开图像蒙版层。将花的图片全部选中，按 Ctrl+C 组合键复制，再按 Ctrl+V 组合键粘贴到前幅图的蒙版上。

由于蒙版上只能是灰度图，花的图片在蒙版上自动转换成 256 色灰度图像。该灰度图像的深浅就控制了其所覆盖图像的透明程度，因此整幅旗子的图像就按照花的图片显示出来。

图 8-11　蒙版抠图

图 8-12　叠加效果

3. 利用“图层蒙版”产生图像的淡入效果

由于“图层蒙版”的特殊作用，使得我们可以在蒙版上通过添加黑白渐变、选区羽化等手段来产生两幅图像的自然融合效果及图像的渐隐效果。

蒙版上选区如果无羽化值，在选区填充黑色后，上下两图层上的图像存在清晰的边界；蒙版上选区如果有羽化值，在选区填充黑色后，上下两图层上的图像呈自然过渡，且羽化不同，对其效果不同。

蒙版上添加白黑渐变，则该图层呈渐隐效果。

如图 8-13 所示，分别是 3 幅不同样式的鲜花图片。现要将 3 幅图融合成新图像，各图层之间自然过渡，不留下任何痕迹。

图 8-13　图像的淡入

我们可将前两幅图分别全部选中，复制到第 3 幅图中生成图层 1 及图层 2，并将图层 1 及图层 2 缩小变换位置。在图层 1 及图层 2 中各添加一个“图层蒙版”，并在两蒙版上分别添加白黑渐变，让其所覆盖的图层呈渐隐状态。调整好渐变编辑器的白黑比例，可以得到很好的图像淡入及融合效果。

8.2.3 制作雾状绘画效果、文字效果

(1) 创建新文档尺寸为1024×768，背景色填充为黑色，新建一个图层，用泼溅笔刷在画面中央做一些泼溅效果，如图8-14所示。

图8-14 泼溅图层

(2) 在图层上右击，在弹出的快捷菜单中选择“混合”命令，可以打开图层样式对话框。添加外发光样式，设置参数。现在我们要栅格化图层，因为我们要对图层进行整体的编辑，有两种方法比较常用，一是在图层调板菜单(位于图层面板的右上角)选择转换为智能对象；二是在泼溅图层的下面新建一个图层，选择泼溅图层，执行向下合并(Ctrl+E)图层命令。推荐使用第一种方法。

(3) 现在需要一张类似于墙壁、混凝土、岩石或者沙粒的图片，最好有张风蚀的混凝土材质图片。打开后放在Photoshop中泼溅图层的上面，按住Alt键在两图层之间单击，创建混凝土材质的剪贴蒙版，效果如图8-15所示。

(4) 现在加入一些文字，要一种不正式的字体像下面图一样。输入几个大点的字母，可以加入空格，然后选择菜单栏下的窗口→字符，调节相关设置，做成如图8-16的样子。

(5) 复制图层为新图层(Ctrl+J)，然后隐藏原图层。这样相当于给原文字图层做了备份，如果不出现什么错误的话，就一直隐藏该图层。可以把新复制的图层放在图层最上边。一般情况下，复制图层为新图层的意思就是要把原来的图层做个备份，然后把复制来的图层放在最上面操作。

图 8-15　剪贴蒙版

图 8-16　滤镜和模糊

(6) 执行“滤镜”→“模糊”→“高斯模糊”命令，半径值为 13px。复制一次该图层，这样可以让字体变亮些，如图 8-16 所示。

(7) 选择画笔工具(B)，用软的圆头差不多 30px 大小的笔刷添加一点凌乱的线条，参考图 8-17。再执行高斯模糊滤镜，半径为 13px。因为上一步执行过这个滤镜，简洁操作可以按 Ctrl+F 组合键。

(8) 现在把步骤(5)中我们隐藏的文字图层复制一次，执行高斯模糊，半径为 5px。这一步不可用 Ctrl+F，因为模糊半径不一样，如图 8-18 所示。

(9) 给新建的文字图层设置图层样式，包括外发光、内发光和颜色叠加，如图 8-19～图 8-21 所示。

(10) 我们曾经给混凝土材质图层做过备份，现在复制图层为新图层并移到图层最上面，图层不透明度设置为 30%，混合模式为正片叠底，这样它就不会影响到背景图层，背景图层就不会变黑了，如图 8-22 所示。

(11) 用画笔工具(B)选一个大的软笔刷，新建一个图层，添加一些很亮的颜色，参考图 8-23。

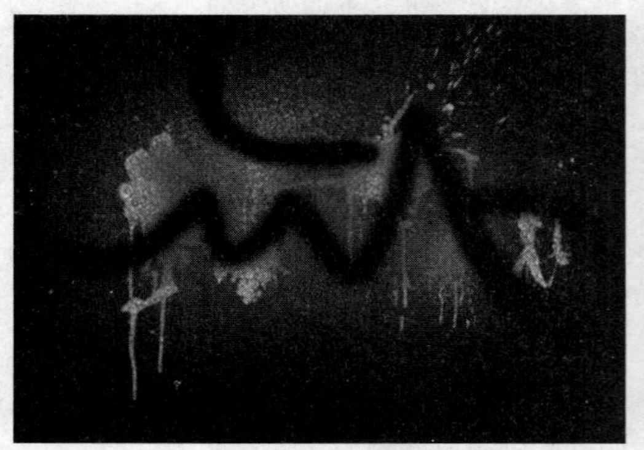

图 8-17　添加凌乱线条

图 8-18　高斯模糊

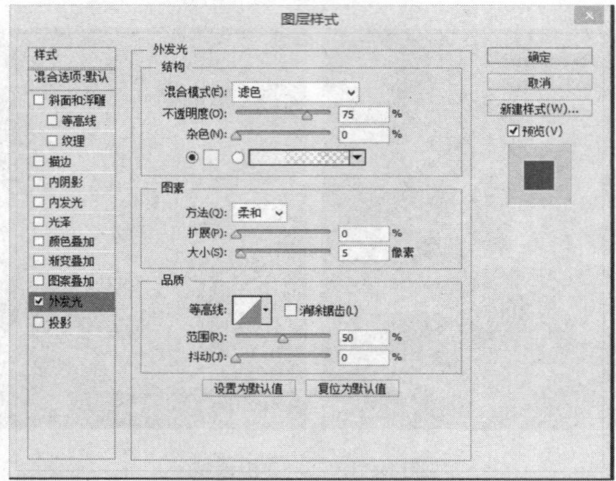

图 8-19　外发光设置

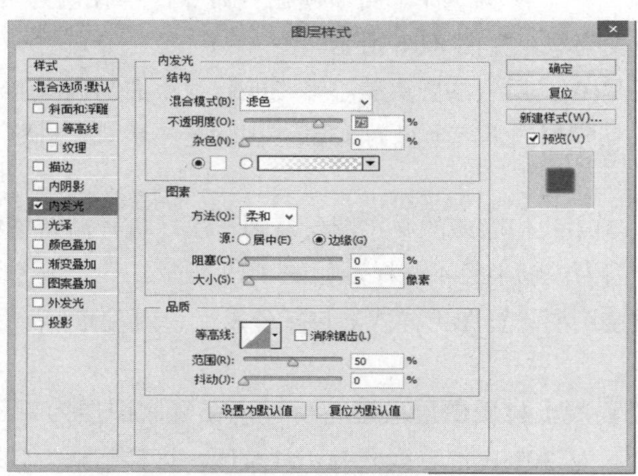

图 8-20　内发光设置

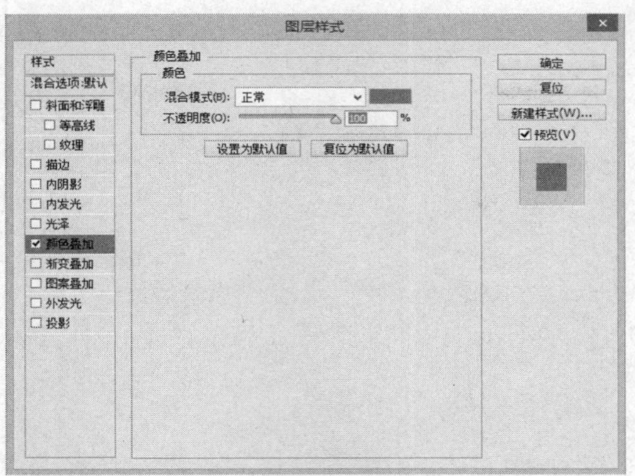

图 8-21　颜色叠加

图 8-22　备份图层

图 8-23　用软笔刷添加颜色

(12) 执行模糊滤镜，半径值为 50。再设置图层混合模式为叠加。在下面添加文字效果，如图 8-24 所示。

图 8-24　完成图

第9章

网页制作

Adobe Dreamweaver，简称 DW，中文名称为“梦想编织者”，是美国 Macromedia 公司(现属于 Adobe 公司旗下)开发的集网页制作和管理网站于一身的所见即所得网页编辑器。DW 是第一套针对专业网页设计师特别开发的视觉化网页开发工具，利用它可以轻而易举地制作出跨越平台限制和跨越浏览器限制的充满动感的网页。

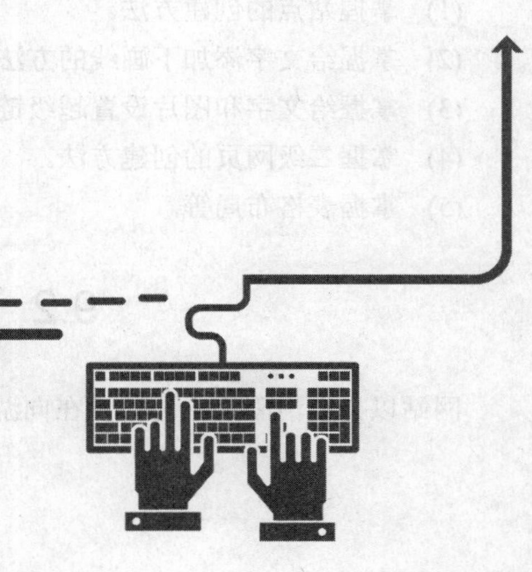

9.1 实训目的

Dreamweaver 是第一套针对专业网页设计师特别开发的视觉化网页开发工具，利用它可以轻而易举地制作出跨越平台限制和跨越浏览器限制的充满动感的网页。

学习内容：具有强大的站点管理功能，内置 FTP 软件可以直接上传主页；所见即所得的页面编辑方式；支持 Styles Sheet(样式表单)，创造丰富的页面效果；支持 Layer 层，并可使用 Timeline(时间轴)制作动态网页；内置 Behavior(行为)，为网页增加交互功能；提供模板和库可以加速页面的生成和制作；支持外部插件，提供无限的扩展能力。

实训一：案例实践(洛阳美食、美景网页)

创建一个洛阳美食、美景网页。

(1) 掌握静态网页的创建方法。

(2) 掌握滚动文字的设置方法。

(3) 掌握文字和图片的超级链接的方法。

(4) 掌握二级网页的创建方法。

(5) 掌握插入文字、背景图片、视频等的语法规则。

实训二：案例实践(创建一个关于家乡的网站)

创建一个关于家乡的网站。

(1) 了解网页制作的基础知识。

(2) 了解 HTML 的结构和语法。

(3) 掌握使用 Dreamweaver CS5 编写网页的方法。

(4) 掌握在网页中插入文本、图像、超链接、表格、多媒体等元素的方法。

实训三：案例实践(创建李白诗词网页)

创建一个诗词网站。

(1) 掌握站点的创建方法。

(2) 掌握给文字添加下画线的方法。

(3) 掌握给文字和图片设置超级链接的方法。

(4) 掌握二级网页的创建方法。

(5) 掌握表格布局等。

9.2 实训内容

网站以介绍洛阳为主题，旨在向游客介绍洛阳的美食、美景及风土人情等，同时也能

为洛阳人提供本地生活服务。

1. 制作主页

(1) 创建 html 文件：选择菜单栏中的“文件”→“新建”命令，打开新建文档对话框，选择“空白页”→Html，单击“创建”按钮，新建一个 html 网页，单击“保存”按钮。

(2) 添加滚动文字，其代码为：

```
<marquee behavior ="alternate" bgcolor="#99CCFF">
    Welcome to Luoyang
    </marquee><br><br>
```

效果如图 9-1 所示。

Welcom to Luoyang

图 9-1　添加滚动文字

(3) 添加图片，其代码为：

```
<font size=7>Luoyang</font>
    <img src="1.jpg" width=120 height="120" align="bottom">
    <img src="2.jpg" width=120 height="120" align="middle">
    <img src="3.jpg" width=120 height="120" align="middle">
    <img src="4.jpg" width=120 height="120" align="texttop">
    <hr size=2>
    Longmen Grottoes:<br><br>
    <img src="龙门石窟.jpg"width="140" height="140" align="left"> Welcome
to Longmen Grottoes.They are located in the south of Luoyang City.They
are  between Mount Xiang and Mount Longmen and face Yi River.Longmen
Grottoes,Yungang Caves and Mogao Caves are regarded as the three most
famous treasure houses of stone inscriptions in China.The grottoes were
started around the year 494 when Emperor Xiaowen of the Northern Wei
Dynasty (386-534 A.D.) moved the capital to Luoyang.Work on them
continued for another 400 years until the Northern Song Dynasty (960-
1127 A.D.).<br><br><br>
    white horse temple:<br><br>
    <img src="白马寺.jpg"width="140" height="140" align="right"> White
horse temple JianSi, in which several since the waste and rebuild,
especially in wu zetian several times to build the largest. White horse
temple for ChangFang compound, sits inside the temple of the main
building, have TianWangDian, big Buddha hall, big male house, answer the
lead of the temple, and LuGe, etc. Will tower Visit the white horse
temple, not only can visit those grand, solemn DianGe and vividly, and
```

```
can see the figure of Buddha of several contains a vivid story history
of the scene.<br><br>
```

效果如图 9-2 所示。

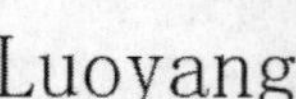

图 9-2　图片以及文字介绍

(4) 给图片设置超链接，其代码如下：

```
<a href="链接的地址"><img src=" 1.jpg" width="120" height="120" ></a>
添加循环次数为 3 的音乐，其代码为：<bgsound src="exam02.mid" loop=3>
```

2. 二级站点的制作

由于二级站点的制作过程大致相同，因此以网页“视频”为例。

(1) “视频”的制作。

① 创建 html 文件：在菜单栏中选择“文件”→“新建”命令，打开新建文档对话框。

② 选择“空白页”→Html，单击“创建”按钮，新建一个 html 网页，单击“保存”按钮。

(2) 设置背景和文字，如图 9-3 所示，其代码如下：

```
bgcolor="#BDD7EF">
<font size="7">The  street  of  Luoyang</font><br>
```

The street of Luoyang

图 9-3　设置背景和文字

(3) 插入视频，如图 9-4 所示，其代码如下：

```
<embed src="exam01.mid" width=500 height=200></embed>
```

图 9-4　添加视频

9.3　实训练习

1. 训练内容 1：设计一个关于家乡的网站

具体要求如下。

(1) 主页文件的内容。

主页内容的标题设为“我的家乡”，设置一个导航栏。导航栏下面是主体的内容。

(2) 二级网页的创建。

这些网页的内容由主页中的每个栏目下的具体内容构成，根据需要创建它们，然后建立从主页到这些网页的超链接。

(3) 网页不少于 20 页，有图片、文字、视频等的超级链接。

(4) 首页上有文字和图片的滚动。

2. 训练内容 2：创建一个有李白诗词的网站

(1) 创建相关站点，以李白诗词命名。

(2) 创建 html 文件：在菜单栏中选择“文件”→“新建”命令，打开新建文档对话框，选择“空白页”→Html，单击“创建”按钮，新建一个 html 网页，单击“保存”按钮。

(3) 保存相关图片到刚才建立的站点。

(4) 添加相关代码。

```
<!DOCTYPE html PUBLIC "-//W3C//DTD XHTML 1.0 Transitional//EN"
"http://www.w3.org/TR/xhtml1/DTD/xhtml1-transitional.dtd">
```

```
<html xmlns="http://www.w3.org/1999/xhtml">
<head>
<meta http-equiv="Content-Type" content="text/html; charset=utf-8" />
<title>无标题文档</title>
</head>
<body rightmargin="280">
<p> </p>
<div style="background-color:#6FF"><h1 >李白</h1></div>
<table>
<table width="1156" height="514" border="0">
 <tr>
 <td width="790" height="386"><h2>作者简介</h2>
 李白(701—762)，字太白，号青莲居士，是屈原之后最具个性特色、最伟大的浪漫主义诗人。有“诗仙”之美誉，与杜甫并称“李杜”。其诗以抒情为主，表现出蔑视权贵的傲岸精神，对人民的疾苦表示同情，又善于描绘自然景色，表达对祖国山河的热爱。诗风雄奇豪放，想象丰富，语言流转自然，音律和谐多变，善于从民间文艺和神话传说中吸取营养和素材，构成其特有的瑰玮绚烂的色彩，达到盛唐诗歌艺术的巅峰。存世诗文千余篇，有《李太白集》30 卷。
</td>
<td width="325">
   <img src="../图片/472309f790529822f126b5e4d5ca7bcb0a46d484.jpg"
width="252" height="250" /></td>
</tr>
<tr>
<td colspan="2" background="file:///I|/超级链接/文字间的超级链接/图片
/0890050090.jpg">
 <h2 ><a href="file:///I|/超级链接/文字间的超级链接/4/Untitled-1.html">作品影
响</a></h2>
2015 年 3 月 21 日，联合国发行《世界诗歌日》系列邮票，汉语诗歌选取中国唐代著名诗人李白的作品《静夜思》。自 1999 年始，联合国教科文组织将每年的 3 月 21 日定为&ldquo;世界诗歌日&rdquo;。2015 年的纪念活动是发行一套邮票，有 6 个小全张共 36 枚，内容为用英语、西班牙语、汉语、法语、阿拉伯语、俄语 6 种世界主要语言表达的代表性诗歌。《静夜思》邮票上，用楷体中文写出全诗，并在邮票发行资料上附有杨宪益和戴乃迭夫妇翻译的英文诗。
</td>
</tr>
</table>
</body>
</html>
```

运行结果如图 9-5 所示。

作者简介

李白（701～762），字太白，号青莲居士，是屈原之后最具个性特色、最伟大的浪漫主义诗人。"诗仙"之美誉，与杜甫并称"李杜"。其诗以抒情为主，表现出蔑视权贵的傲岸精神，对人民的疾苦表示同情，善于描绘自然景色，表达对祖国山河的热爱。诗风雄奇豪放，想象丰富，语言流转自然，音律和谐多变，善于从民间文艺和神话传说中吸取营养和素材，构成其特有的瑰玮绚烂的色彩，达到盛唐诗歌艺术的巅峰。存世诗文千余篇，有《李太白集》30卷。

作品影响

2015年3月21日，联合国发行《世界诗歌日》系列邮票，汉语诗歌选取中国唐代著名诗人李白的作品《静夜思》。自1999年始，联为"世界诗歌日"。2015年的纪念活动是发行一套邮票，有6个小全张共36枚，内容为用英语、西班牙语、汉语、法语、阿拉伯语、俄语6种思》邮票上，用楷体中文写出全诗，并在邮票发行资料上附有杨宪益和戴乃迭夫妇翻译的英文诗。

图 9-5 李白诗词网页

参 考 文 献

[1] 石永福. 大学计算机基础教程[M]. 北京：清华大学出版社，2014.

[2] 王建忠. 大学计算机基础[M]. 北京：科学出版社，2018.

[3] 尹荣章. 大学计算机基础[M]. 北京：高等教育出版社，2016.

[4] 顾沈明. 大学计算机基础[M]. 北京：清华大学出版社，2014.

[5] 杨桦. 计算机基础知识及基本操作技能[M]. 成都：西南交通大学出版社，2014.

[6] 王建忠. 大学计算机基础实训指导[M]. 北京：科学出版社，2018.